净零能耗建筑论丛

净零能耗建筑工程实践案例

梁俊强　等编著

中国建筑工业出版社

图书在版编目（CIP）数据

净零能耗建筑工程实践案例/梁俊强等编著. —北京：中国建筑工业出版社，2022. 11
（净零能耗建筑论丛）
ISBN 978-7-112-28024-7

Ⅰ. ①净… Ⅱ. ①梁… Ⅲ. ①生态建筑-建筑工程-案例-中国 Ⅳ. ①TU-023

中国版本图书馆 CIP 数据核字（2022）第 181441 号

责任编辑：张文胜
责任校对：党 蕾

净零能耗建筑论丛
净零能耗建筑工程实践案例
梁俊强 等编著

*

中国建筑工业出版社出版、发行（北京海淀三里河路 9 号）
各地新华书店、建筑书店经销
北京科地亚盟排版公司制版
天津安泰印刷有限公司印刷

*

开本：787 毫米×1092 毫米 1/16 印张：11¾ 字数：273 千字
2022 年 11 月第一版 2022 年 11 月第一次印刷
定价：**42.00** 元
ISBN 978-7-112-28024-7
（40040）

本书编委会

主　　编：梁俊强

副 主 编：王珊珊　侯隆澍

委　　员：（以姓氏笔画为序）

丁洪涛　马欣伯　王　晓　王　嘉　王思功　朱清宇
刘　珊　刘世辉　刘幼农　刘海燕　刘联华　安　军
李　进　李仁星　李亚静　李国建　杨春方　杨德海
吴　侠　吴艳元　张　强　张世武　陆元元　欧阳学
罗　多　周　敏　周　辉　郑清涛　赵周洋　郝　斌
钟辉智　姚春妮　贾　岩　程　杰　康　靖　梁传志
彭　晴　彭亿洲　彭建明　曾泽荣　窦　枚　臧一品
魏　勇

主编单位：住房和城乡建设部科技与产业化发展中心

参编单位：水发能源集团有限公司

中国建筑股份有限公司

深圳市建筑科学研究院股份有限公司

中国建筑西南设计研究院有限公司

中国建筑西北设计研究院有限公司

中建科技集团有限公司

天普新能源科技有限公司

苏州城亿绿建科技股份有限公司

前　言

美国等发达国家和欧盟为应对气候变化、实现可持续发展，都积极制定建筑迈向更低能耗的中长期政策和发展目标，针对净零能耗建筑，提出了相似但不同的定义，并建立适合本国特点的技术标准及技术体系，主要有超低能耗建筑、近零能耗建筑、零能耗建筑及被动房，并出现了一些具有专属技术品牌的技术体系，如德国“被动房”（Passive House）、瑞士 Minergie 近零能耗建筑，美国国际未来生活研究院发起的零能耗认证（Zero Energy）和美国绿色建筑委员会 LEED Zero 等。

相较于欧美，“净零能耗建筑”在我国的研究工作尚处于起步探索阶段。2014 年，在中美清洁能源联合研究中心建筑节能联盟（CERC BEE）合作项目的支持下，住房和城乡建设部科技与产业化发展中心与美国劳伦斯伯克利国家实验室先后启动了“中美超低能耗建筑技术合作研究与示范项目”“净零能耗建筑关键技术研究与示范”“净零能耗建筑适宜技术研究与集成示范”三个项目，共同开展中美两国净零能耗建筑发展的关键技术与政策研究。2014 年 4 月立项的“中美超低能耗建筑技术合作研究与示范项目”是首个聚焦超低能耗建筑的国际科技合作专项项目，在充分借鉴美国等国家先进经验和典型做法的基础上，率先开展了超低能耗建筑关键技术和产品研发，并在我国典型气候区建设了 4 个示范工程。其中，珠海兴业新能源产业园研发楼、中国建筑科学研究院近零能耗示范楼集成展示了世界前沿的建筑节能和绿色建筑技术，成为当时我国建筑节能科技发展的标志性项目，得到了美国国务院、能源部等官员，IEA、APEC 等国际组织，我国科学技术部、住房和城乡建设部、国家能源局等领导和行业专家的广泛关注。后续实施的“净零能耗建筑关键技术研究与示范”（2016－2019 年）和“净零能耗建筑适宜技术研究与集成示范”（2020－2021 年）两个项目则引领建筑节能工作迈向更高标准，以“净零能耗建筑”为主线，以示范工程为载体，开展了净零能耗建筑技术、产品和政策机制的研究，并建设了深圳未来大厦 R3 示范楼、中国建筑西南设计研究院有限公司滨湖设计总部、大同未来能源馆、苏州城亿绿建科技股份有限公司新建 PC 构件项目 3 号综合楼等多项符合我国国情的净零能耗建筑示范工程。其中，深圳未来大厦 R3 示范楼是世界第一个走出实验室、规模化应用的全直流净零能耗建筑；苏州城亿绿建科技股份有限公司新建 PC 构件项目 3 号综合楼突破了以装配式建造方式实现净零能耗的建筑设计与施工关键技术体系，在建筑装配率达到 90％以上的情况下，实现了“净零能耗”目标。

在 CERC BEE 的支持下，在中美团队持续合作研究中，中方已摸索出一条适合我国国情的净零能耗建筑发展路径，建立了一整套基于全过程的净零能耗建筑技术体系，重点突破了各阶段关键技术问题，实现我国净零能耗建筑技术理论和实践创新，填补了我国在零能耗建筑理论、技术和工程示范上的多项空白。2022 年 3 月，住房和城乡建设部印发的

《“十四五”建筑节能与绿色建筑发展规划》提出“京津冀及周边地区、长三角等有条件地区全面推广超低能耗建筑，鼓励政府投资公益性建筑、大型公共建筑、重点功能区内新建建筑执行超低能耗建筑、近零能耗建筑标准。到2025年，建设超低能耗、近零能耗建筑示范项目0.5亿平方米以上。”。可见，发展净零能耗建筑正逐渐成为我国建筑节能发展的新趋势。

参加本书撰写的有：绪论，王珊珊；第1、2章，杨春方、周敏、安军；第3、4章，郑清涛、杨德海、罗多、李进、魏勇、曾泽荣、李亚静；第5章，彭建明、赵周洋、彭晴；第6章，李仁星、吴艳元、吴侠；第7章，张强、张世武、刘海燕；第8章，臧一品、贾岩、王嘉；第9章，朱清宇、李国建、王思功；第10章，彭亿洲、欧阳学、刘世辉；第11章，窦枚、钟辉智、王晓；第12章，刘联华、王晓、钟辉智；第13章，郝斌、陆元元、康靖。本书由王珊珊、侯隆澍、周辉统稿，梁俊强、丁洪涛审查并提出修改意见。此外，刘珊、马欣伯、刘幼农、程杰、姚春妮、梁传志在净零能耗建筑示范工程立项论证、过程管理及专家验收等方面给予了指导。

作为“净零能耗建筑论丛”之一，希望本书的出版能够使中美合作项目成果更加广泛地传播，从而推动净零能耗建筑的发展，助力实现“碳达峰、碳中和”目标，为促进我国建筑节能事业进步做出贡献。尽管我们已全力撰写此书，但由于时间紧张、编写水平有限，难免存在疏漏和不足之处，恳请读者批评指正。

编委会

2022年7月

目　　录

绪　论

根据国际能源署对于全球建筑领域用能及排放的核算结果，2019 年建筑运行能耗占全球总能耗的 30%，建筑运行相关 CO_2 排放占全球总 CO_2 排放的 28%，建筑领域节能是全球应对气候变化的重要领域之一。2021 年 4 月，中美共同发表《中美应对气候危机联合声明》，明确在“节能建筑”方面继续讨论具体的减排行动。建筑节能领域始终是应对气候变化，实现“碳达峰、碳中和”目标的重中之重。

净零能耗建筑经过 40 年的发展，已逐渐被广泛接受和认可，正在成为建筑领域应对全球气候变化、空气污染及能源短缺的新举措。欧美许多国家都制定了相应的发展目标、技术路线及政策法规等，将发展净零能耗建筑作为建筑节能的新方向，不断探索净零能耗建筑技术路线，力图依靠各项节能措施及最大可能地利用可再生能源达到建筑用能与产能之间的平衡，并通过相关研究项目、示范工程及评价认证引导推进净零能耗建筑相关工作。与此同时，净零能耗建筑综合解决方案的咨询服务正在萌芽发展，已有成为建筑节能服务行业后起之秀的态势。自 20 世纪 80 年代，在建筑节能“三步走”的推动下，我国建筑节能事业取得了长足发展，为净零能耗建筑在我国的发展奠定了基础。继 2015 年发布《被动式超低能耗绿色建筑技术导则（试行）（居住建筑）》后，2017 年住房和城乡建设部发布《建筑节能与绿色建筑发展“十三五”规划》，提出“积极开展超低能耗建筑、近零能耗建筑建设示范，鼓励开展零能耗建筑建设试点。”2019 年 1 月，国家标准《近零能耗建筑技术标准》GB/T 51350—2019 发布，进一步明确了零能耗建筑的定义和技术路线。2022 年 3 月，住房和城乡建设部印发的《“十四五”建筑节能与绿色建筑发展规划》提出“京津冀及周边地区、长三角等有条件地区全面推广超低能耗建筑，鼓励政府投资公益性建筑、大型公共建筑、重点功能区内新建建筑执行超低能耗建筑、近零能耗建筑标准。到 2025 年，建设超低能耗、近零能耗建筑示范项目 0.5 亿平方米以上。”。可见，发展净零能耗建筑正逐渐成为我国建筑节能发展的新趋势。

国家重点研发计划“中美清洁能源联合研究中心建筑节能合作项目”（CERC BEE 项目）二期以企业为主体，以“净零能耗建筑”为主线，以示范工程为载体，围绕“一体化设计、施工和装配式建筑”“建筑调适和数据挖掘”“直流建筑和智能微网”“室内环境质量”“综合性政策和市场机制”5 个领域和示范工程，开展技术产品、数据和机制的研究，并建设符合我国国情的净零能耗建筑示范工程。本书梳理了项目的 13 项净零能耗建筑示范工程，覆盖了严寒、寒冷、夏热冬冷和夏热冬暖四个气候区，主要以公共建筑为主，基本情况见表 0-1。

净零能耗建筑示范工程基本情况信息表　　表 0-1

序号	项目名称	气候区	类型	建造方式	建筑面积（m^2）	建成时间
1	祁连机场空港酒店	严寒地区	公共建筑	现浇	8042	2021 年
2	祁连机场职工宿舍	严寒地区	居住建筑	现浇	2157	2021 年
3	水发能源通榆县 500MW 风电场——综合楼	严寒地区	公共建筑	现浇	1951	2021 年
4	大同市国际能源革命科技创新 A 区建设工程能源革命展示馆	严寒地区	公共建筑	现浇	28485	2020 年
5	兰州新区中建大厦 1 号办公楼	寒冷地区	公共建筑	现浇	2270	2019 年
6	天津生产基地综合办公楼	寒冷地区	公共建筑	装配式	1942	2021 年
7	北京市未来科学城第二小学办公及宿舍楼项目	寒冷地区	公共建筑	装配式	3365	2019 年
8	北京顺义时光里 MOMA 项目恐龙 3 号项目	寒冷地区	居住建筑	装配式	105	2019 年
9	苏州望亭新建 PC 构建项目 3 号综合楼	夏热冬冷地区	公共建筑	装配式	9063	2021 年
10	中建科技湖南有限公司 A 座办公楼	夏热冬冷地区	公共建筑	装配式	2192	2019 年
11	中建成都滨湖设计总部绿建中心	夏热冬冷地区	公共建筑	装配式	2000	2019 年
12	中建西南院墙材科技有限公司办公楼项目	夏热冬冷地区	公共建筑	装配式	2079	2021 年
13	深圳建科院未来大厦 R3 办公建筑	夏热冬暖地区	公共建筑	装配式	6259	2019 年

1. 技术路径

净零能耗建筑指在满足舒适性的前提下，全年建筑运行能源消耗总量小于或等于建筑场所内可再生能源系统产能总量的单体建筑或建筑群，其技术体系主要由高性能围护结构系统、高效的设备系统、可再生能源产能系统及能源管理系统四部分组成。能源管理和能耗监测平台被称为净零能耗建筑的“大脑”，是净零能耗建筑运行的核心。其中，高性能围护结构和高效的设备系统重在降低建筑本身的能源需求，属于“节流”，太阳能等可再生能源的应用重在提供建筑产能，属于“开源”，一方面是降低能源需求，一方面是增加能源产出，在两者达到平衡的情况下，实现建筑的净零能耗。因此，降低建筑本身的能耗强度是实现净零能耗建筑目标不可或缺的基础，可再生能源产能则是在能源上实现自给自足的必要条件。事实上，实现建筑的净零能耗是一个系统工程，从设计、施工到运行各个阶段都需要相应的技术作为支撑，且需要各类技术协同合作，不能是简单的堆砌和叠加，要发挥“1＋1＞2”的作用才是技术集成的关键。

我国净零能耗建筑发展的主要技术路线是通过采用被动式建筑节能技术和高效主动式建筑节能技术，最大幅度降低建筑终端用能需求和能耗，充分利用场地内可再生能源产能，替代或抵消建筑对化石能源的需求，合理配置可再生能源和储能系统容量，大幅度降低常规能源峰值负荷，成为电网友好型的建筑负载。书中 13 项净零能耗建筑示范工程分布在我国严寒、寒冷、夏热冬冷、夏热冬暖四个气候区，因各气候区的气候特点、建筑类型、能源需求不同，导致技术路径的侧重点不同。图 0-1 显示了其中 12 项净零能耗建筑示范工程所使用的技术情况。可见，高性能墙体、高性能外窗、高效照明、节能电器及光伏发电技术是普遍采用的技术，其他的主被动技术和可再生能源技术则因气候特点、建筑规模和功能存在差异，呈现技术的多样性特点。

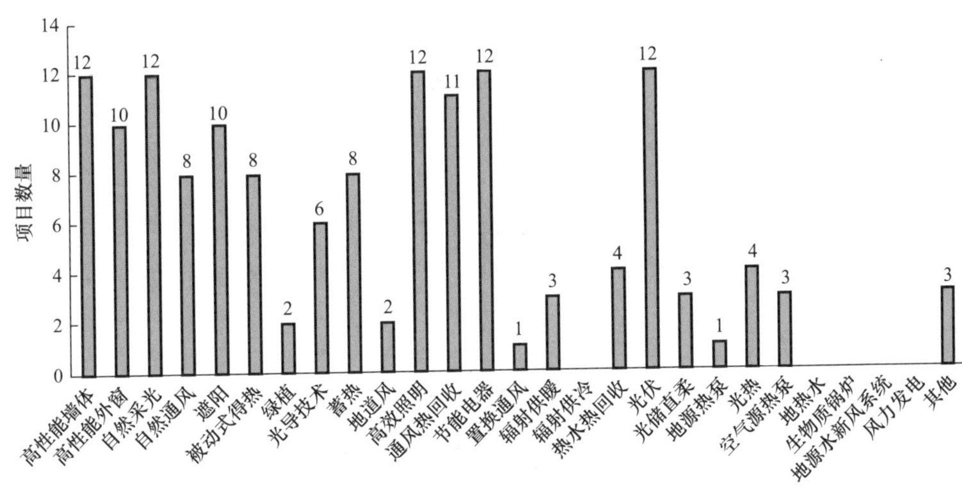

图 0-1 12 项净零能耗建筑示范工程技术路线

2. 增量成本

单位面积增量成本指在执行当地节能标准的基础上，为实现净零能耗目标，每平方米建筑面积额外投入的成本，是衡量净零能耗建筑增量成本的要素，单位面积增量成本越低，初始投资压力越小，推广可行性越大。可见，增量成本是制约净零能耗建筑市场化发展、规模化发展的重要因素。

随着超低能耗建筑的规模化发展，净零能耗建筑技术体系逐渐成熟，从最初借鉴国际经验摸索尝试阶段逐渐向以实际应用转变，示范项目也陆续增多，经济性显著提高。图 0-2 显示了 12 项净零能耗建筑示范工程为实现净零能耗目标的增量成本情况。由于各示范工程的示范目标、建筑规模、功能差异、技术路线存在差异，导致单位建筑面积增量成本相差较大，分布在 555～1755 元，占单位建筑面积总成本的比例分布在 7%～32%。从技术类型上看，不同项目的被动式技术、主动式技术、可再生能源成本占比存在较大差异，平均来看，基本上各占净零能耗增量成本的 1/3，如图 0-3 所示。随着建筑部品逐渐升级，产业逐渐形成，部品成本逐步降低，净零能耗建筑成本增量将逐渐降低。

发展净零能耗建筑正逐渐成为我国建筑节能发展的新趋势。实现建筑的净零能耗是一个系统工程，净零能耗建筑的解决方案并不唯一，即便在相同的经济、技术约束条件下，理念不同，解决方案也不尽相同，多元化的净零能耗建筑技术解决方案才是行业蓬勃发展的源泉。

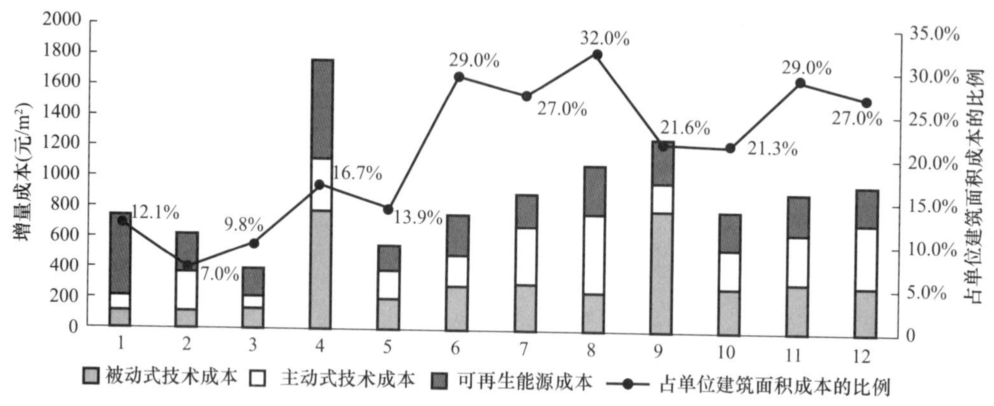

图 0-2　12 项净零能耗建筑示范工程增量成本的增长成本

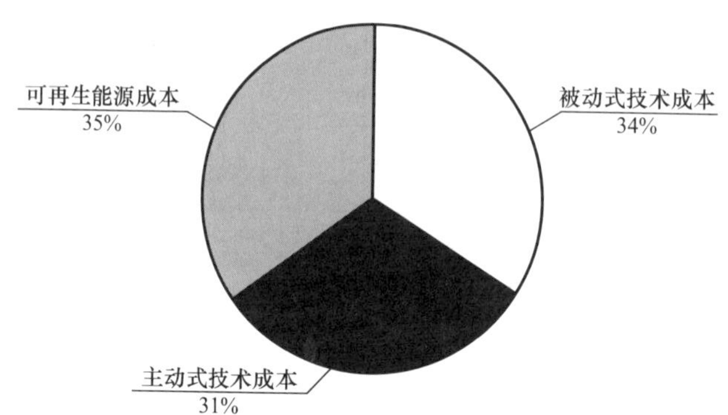

图 0-3　12 项净零能耗建筑示范工程不同技术类型增量成本占比情况

本章参考文献

梁俊强，刘珊，喻彦喆. 国际建筑节能发展目标的比较研究——迈向零能耗建筑［J］. 建筑科学，2018，34（8）：118-123.

第 1 章　祁连机场空港酒店

1.1　工程概况

1.1.1　工程基本情况

祁连机场空港酒店位于青海省海北藏族自治州祁连县城东南部，毗邻祁连山国家级自然保护区。北临林场路，西临中天泰光彩国际酒店，南临南环路。气候分区属于严寒 B 区。

酒店占地面积 11228.7m^2，总建筑面积为 8041.83m^2，建筑层数为地上 6 层，总高 23.7m，为现浇钢筋混凝土框架结构，如图 1-1 所示。设有客房、会议室、餐饮、服务用房等，酒店总计客房 98 间。

图 1-1　空港酒店实景图

1.1.2　净零能耗建筑技术路线

该工程结合所在地的气候资源条件、经济发展水平选择适宜的建筑技术集成示范。通过降低建筑能耗需求，充分利用当地太阳能资源丰富的优势作为可再生能源的补充，同时借助能耗检测实现运维调适挖掘潜力，最终实现净零能耗目标。

运用理论分析、计算机模拟、搭建试验台、建筑物的能耗测试等方法，逐步优化“新建祁连民用机场市内基地工程——祁连机场空港酒店和职工周转用房”的供能系统技术方案（包含“源、网、荷、控”）并同步更新施工图，目的是在项目投入运营以前，对建筑物的能耗状况进行精准预判；项目投入运营以后，对其持续开展“测试—分析—调适—再测试”等工作，逐步完善、优化和提升。

该项目同时具备地域、季节性和使用性特点，通过适宜性技术的有机结合，包括：建筑保温隔热、太阳能光伏发电、电热膜辐射供热、直流供电、太阳能光热、热回收和智能化控制等，最终实现净零能耗建筑的目的，达到工程示范的总体目标。技术路线如图 1-2 所示。

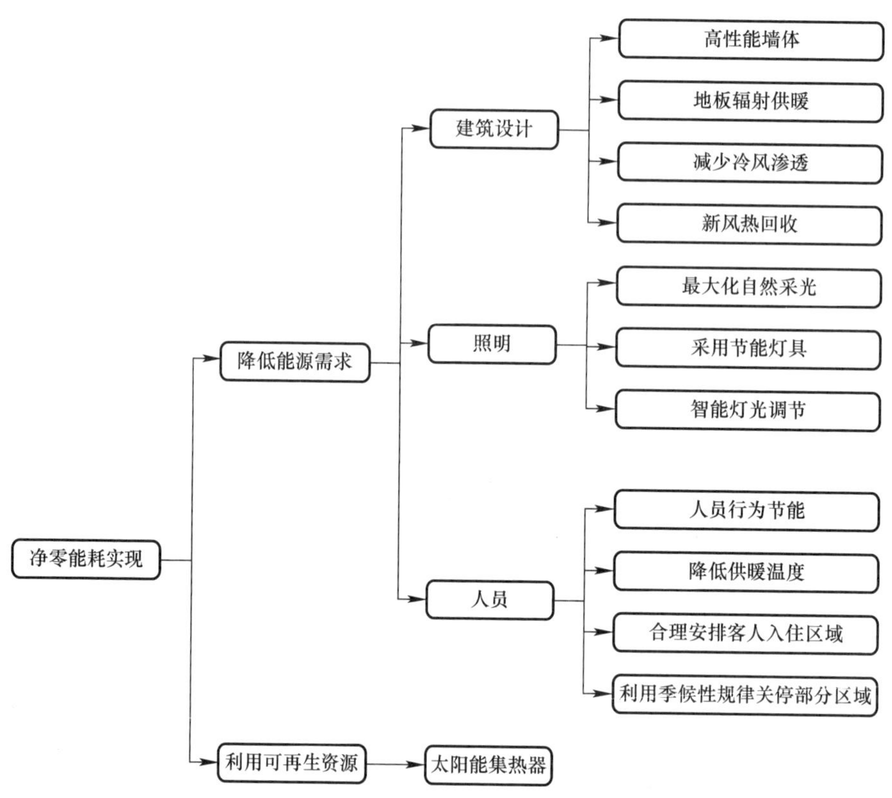

图 1-2　严寒地区净零能耗建筑技术路线

1.2　工程设计

由于项目地处严寒地区，建筑围护结构采用厚重墙体，尽量减少建筑内部大空间区域，控制建筑体形系数为 0.17。设计之初对建筑供暖能耗、卫生热水耗热、采光、通风、光伏发电、太阳能集热等涉及能源的相关性能进行了大量模拟，通过分析气候资源条件，严格把控建筑体形系数和围护结构热工参数，最大限度降低了建筑供暖负荷。通过低温地板辐射供热、油烟热回收、节能电梯、行为节能等主动式节能技术，同时借助于能耗检测系统，实现机电系统的运维调适，进一步实现建筑能耗最小化。最后，通过场地内光伏板发电实现净零能耗的目标。

1.2.1 被动式设计技术

1. 围护结构保温设计

祁连县最高气温约26℃，最冷月平均温度－15～－12℃。供暖季漫长，供暖度日数6370.78。其主要能耗为冬季供暖能耗，因此降低建筑热负荷是实现零能耗建筑的首要任务。该项目对外围护结构做了良好的保温处理，避免出现热桥。

建筑墙体采用加气混凝土砌块，保温材料采用憎水岩棉保温板，最外层是干挂石材，石材与保温层之间形成空气夹层，空气夹层区域按石材大小用保温材料分隔，减少空气在夹层的流动。围护结构热工参数如表1-1所示。

围护结构热工参数 **表1-1**

部位	保温材料	厚度（mm）	传热系数［W/(m^2·K)］
屋面	XPS保温板	160	0.17
墙体	憎水岩棉	170	0.24

2. 外门窗传热系数确定

随着传热系数的降低，窗户的造价急剧增加。结合当地经济条件过高的增量成本不具有推广性，不能实现示范作用。图1-3给出了不同窗户传热系数与建筑能耗以及初投资的关系。

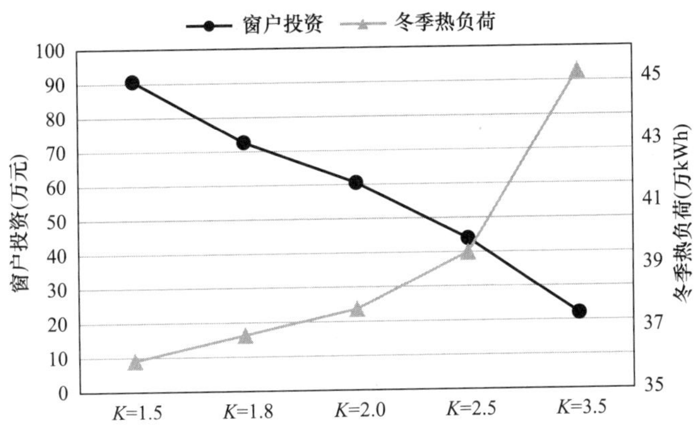

图1-3 窗户传热系数与热负荷及初投资关系

当窗户传热系数K=2.5W/(m^2·K）时，与K=1.5W/(m^2·K）相比较，每年冬季供暖热负荷增加3.4万kWh，但投资减少46.7万元。若将窗户的增量投资用于投资光伏发电系统，按光伏发电系统成本5000元/kW计算，则光伏装机容量为93.4kWp。按照实际光伏装机90kWp计算，在祁连县太阳资源条件下模拟得到全年发电量为14.1万kWh。祁连酒店冬季光伏发电量5.8万kWh，考虑到光伏发电最终用于供暖存在损耗，系数取1.2，则供热量为4.8万kWh，仍大于窗户传热系数增加导致的热负荷增量3.4万kWh。此外，光伏系统可在夏季及过渡季额外提供8.3万kWh光伏电。由于西宁地区推荐“自发自用、余电上网”，采用此方案更能实现净零能耗。

3. 自然采光设计

公共建筑中电气照明系统能耗约占电气系统整体能耗的30%，建筑中电气照明系统的设置以及智能照明系统的控制策略是与建筑自然采光条件充分结合，充分利用高原地区自然采光的优良条件，在保证良好光环境的前提下，最大限度降低人工照明系统的能耗支出。

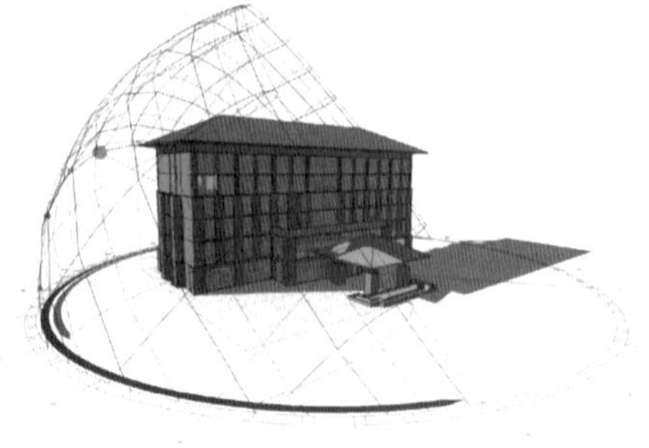

图 1-4　酒店全景自然采光模型

通过自然采光仿真技术提供的高精度数据作为支撑，结合精装设计可使功能房间的划分更加科学，家具摆放的位置更加合理，建筑运行能耗更加优化。

图 1-4～图 1-6 为基于项目当地地理坐标信息及气象数据的自然采光分析模型（基 Radiance 光线追踪算法），模型基于建筑方案阶段。

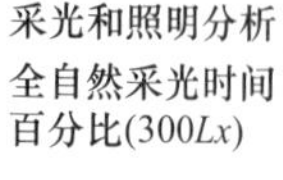

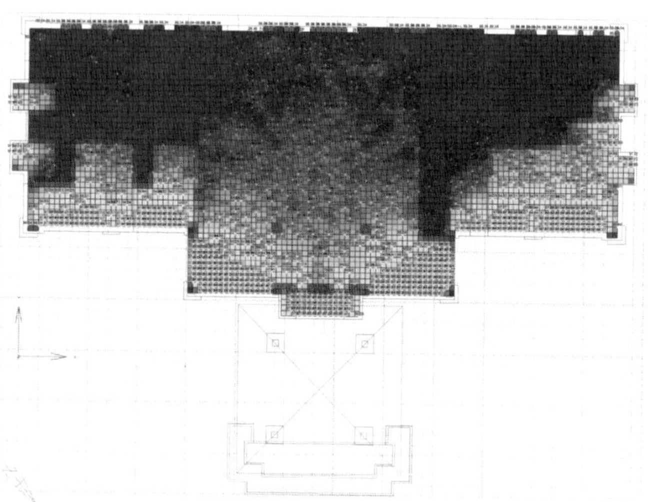

图 1-5　酒店一层大厅全自然采光占比仿真

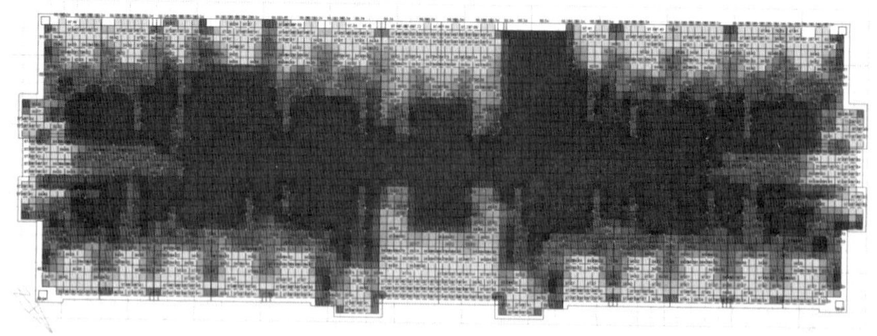

图 1-6　酒店四层客房全自然采光占比仿真

1.2.2 主动式能源系统优化设计技术

1. 人员活动规律对建筑能耗的影响

祁连县属于闻名全国的旅游城市，酒店建筑的使用情况与游客数量的变化趋势相关。夏季是旅游旺季；冬季气候恶劣，游客人数大量减少，酒店的实际入住率不及 1/3。图1-7给出祁连县的酒店年入住情况。

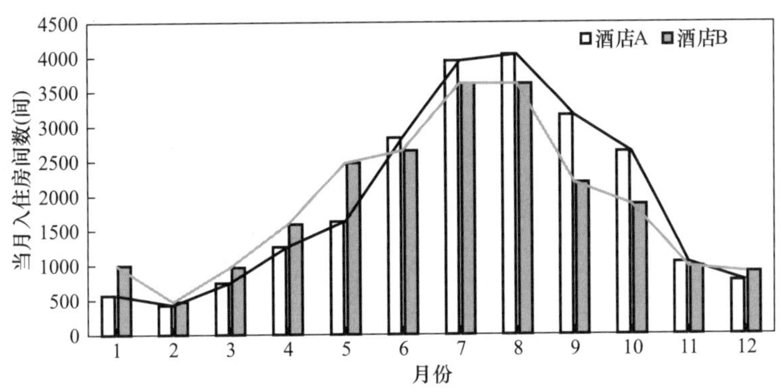

图 1-7 祁连县酒店 A 和酒店 B 全年入住情况

在冬季将游客都集中在建筑的某一区域（不仅限于南北分区），则可大大减少建筑的实际使用面积，降低建筑使用率。在冬季，未入住的区域仅保持基础供暖。

2. 厨房新风热回收系统

冬季厨房设置新风热回收系统，当前的热回收系统容易堵塞影响使用效果，采用热管式油烟热回收机组（图 1-8），利用油烟中的余热加热新风，实现改善室内工作环境和节能的目的。结合冬季入住率低的情况，冬季仅开启职工厨房部分设备即可满足餐饮需求，热管热回收效率大于 60%。热回收性能参数见表 1-2。

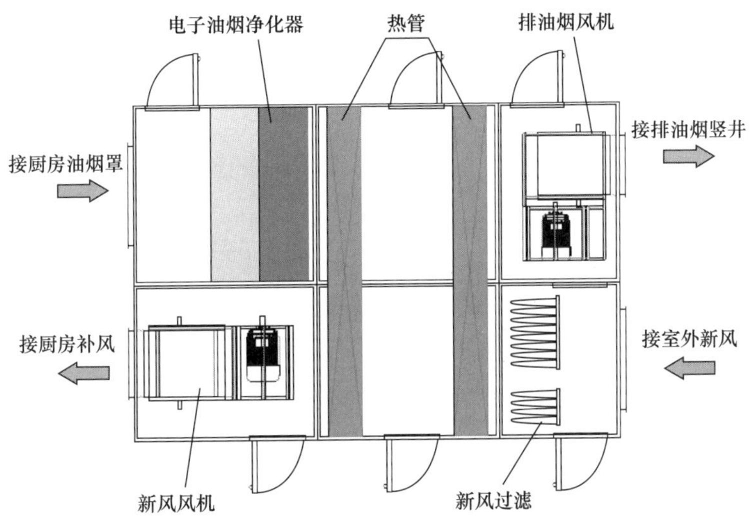

图 1-8 热管式油烟热回收机组

厨房油烟热回收性能参数　　表 1-2

排油烟风段		新风段	
风量（m^3/h）	机外余压（Pa）	补风量（m^3/h）	机外余压（Pa）
10000	400	8000	250

3. 智慧灯光控制

（1）公共区域

运用 D-BUS 控制系统对公共区域灯光进行智能控制，D-BUS 控制系统运用感应器、手机终端、网络平台对酒店所有公共区域内灯光实现全方位自动控制。如大堂区域，感应器可通过对光线强度的识别，自动调节大堂内灯光亮度，满足照明需求的同时，也大大提高了照明的舒适程度，实现舒适、节能、经济安全的现代智能灯光控制理念。

（2）过道

客人经过过道时前方灯光逐渐亮起，离开后逐渐熄灭。可通过后台软件通过时间控制过道开启灯光，也可以选择打开哪一部分楼层灯光，过道操作间开关也同时控制。不但现场通过场景控制简单方便、调光效果好，后台也能直接控制和自动化控制。

（3）客房

酒店客房通过智能系统模式化控制，插卡窗帘逐渐开启，灯光自动打开。并可通过智能设备开启音乐、电视等设备。

1.2.3 可再生能源利用技术

祁连县位于青藏高原，太阳资源丰富，太阳辐射大于 300W/m²，2445h。日照充分，由于海拔较高，太阳透射比例大，属于优质的可再生资源利用条件。

该工程太阳能集热器安装在主楼的屋面，集热器倾角 15°，补偿比选择 99%。结合楼顶安装面积，综合考虑项目的实际情况，实际采用 144 组平板集热器，集热总面积 288m²。太阳能集热器循环工质采用乙二醇防冻液。

安装平面如图 1-9 所示。

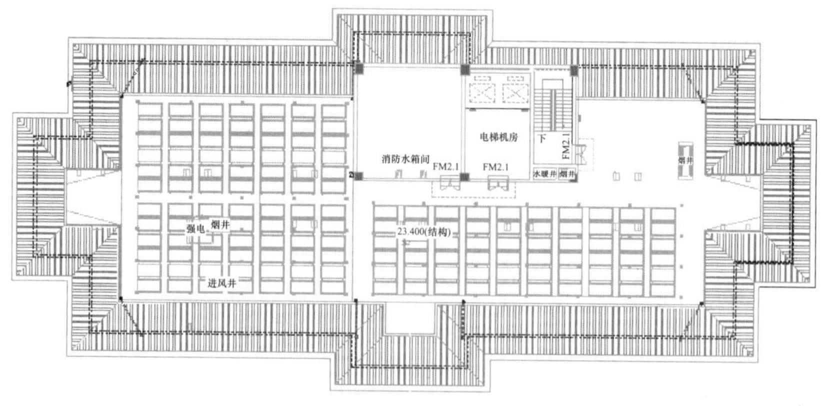

图 1-9　太阳能集热器安装平面图

为了提高太阳能集热系统的全年使用效率，制定以下全年运行策略：卫生热水用量根据夏季旅游旺季热水需求进行设置，过渡季随着人员入住率的降低，卫生热水需求降低时，富余的可用于北侧房间辅助供热，改善室内热湿环境；冬季酒店入住人员少，卫生热水主要用于房间的辅助供暖。为实现以上功能，系统在集热器循环工质中增设乙二醇蓄热水箱，作为冬季辅助供暖热源。太阳能集热系统原理如图 1-10 所示。

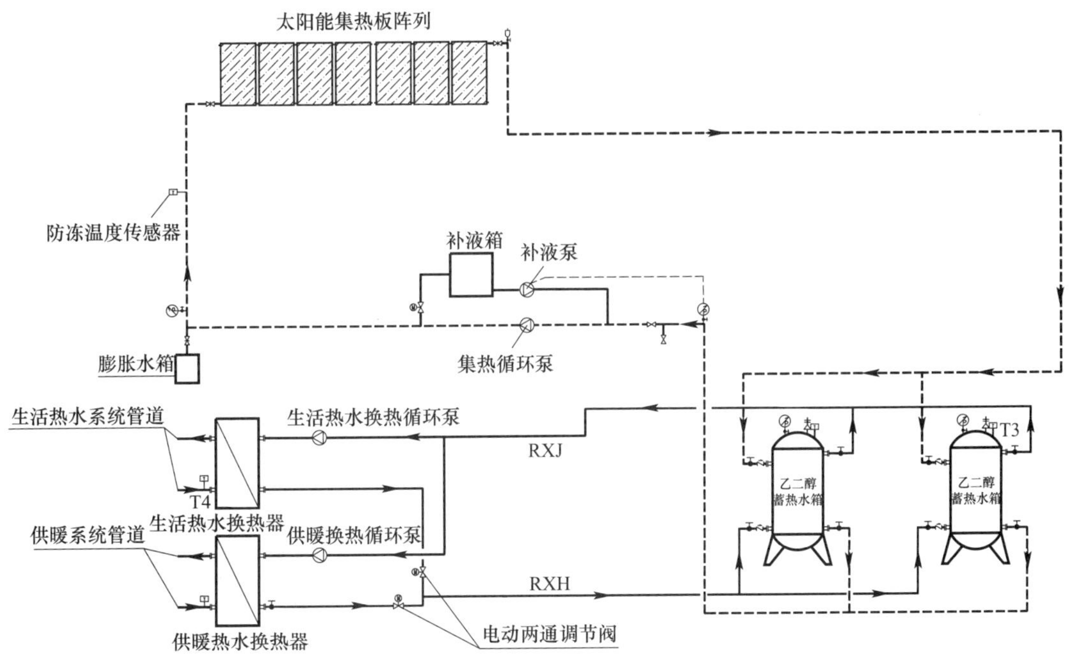

图 1-10　太阳能集热系统原理图

1.3　工程运行效果

1.3.1　运行调适情况

1. 运行测试仪器设备

表 1-3 给出了运维调适测试所用的仪器设备。

测试所用仪器　　表 1-3

仪器及型号	测量内容	仪器图片
TM-QXZ 自动气象站	大气压力、大气湿度、大气温度、太阳辐射强度、风向、风速等	

续表

仪器及型号	测量内容	仪器图片
温湿度自记仪 WWSZY-1	温度、湿度	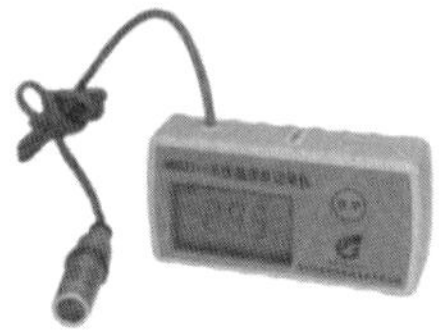
温度自记仪 WWZY-1	管壁温度（自带一体化探头）	
热环境及舒适性测试仪 JT-IAQ-50	室内空气质量（温度、湿度）、热舒适度	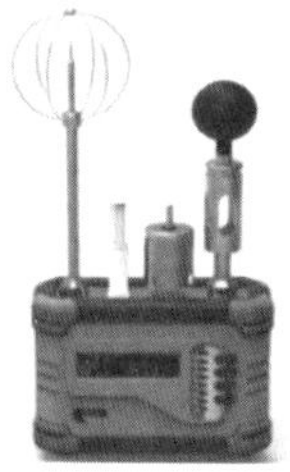
热敏风速仪（可测温度） DT-3880	空气温度、风速	
压差测量仪 Testo512	风压、压差、风速、风量、温度	
手持超声波流量计 TDS-100H	管道内液体流量、流速	

2. 冷风渗透测试

根据热压作用，冬季热空气上浮。通过楼梯间、电梯井等楼层直接的连接位置，整栋楼会出现热空气上涌，造成底层负压，外界冷空气会通过门窗缝隙或者门窗开启大量侵入到室内。一层大堂与电梯厅、楼梯间连通，而且外门多，导致冷风渗透严重。一楼测点布置如图 1-11 所示。

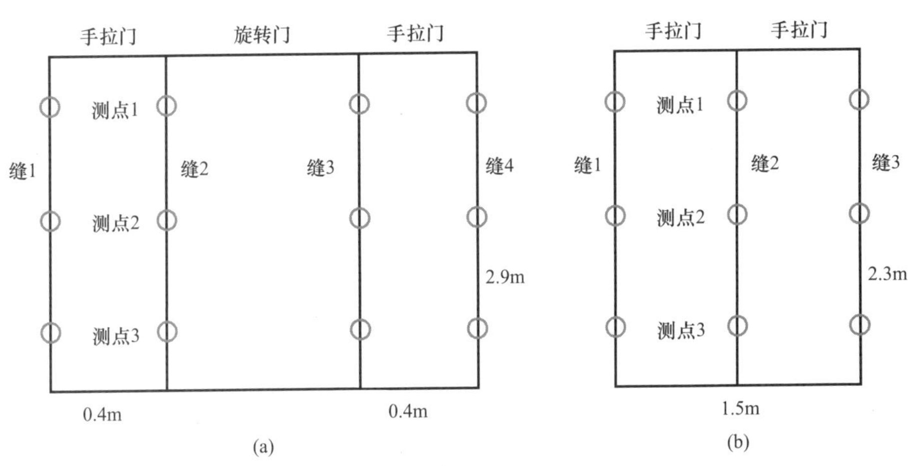

图 1-11　大厅正门及其余外门测点布置图

(a) 大厅正门测点布置图；(b) 其余外门测点布置图

根据正门测试结果（表 1-4），各截面处平均风速为 0.8m/s，门缝缝隙约 5mm（图 1-12），结合门长度 2.9m，计算出正门渗风量为 $168m^3/h$。根据大厅面积换算成室内换气次数为 $0.38h^{-1}$。

大厅正门门窗渗透情况　　**表 1-4**

测试位置	平均风速 (m/s)	渗风量 (m^3/h)	测试位置	平均风速 (m/s)	渗风量 (m^3/h)
缝 1	1.14	59.5	缝 3	0.54	28.2
缝 2	0.68	35.5	缝 4	0.85	44.4

(a)

(b)

图 1-12　现场门缝及现场测试照片

(a) 现场门缝图；(b) 现场测试照片

3. 改善措施

对严寒地区外门渗透热负荷，悬挂棉质厚门帘是最简单有效的措施，既起到保温作用，又能有效减少冷风渗透。清华大学刘效辰研究团队对高大空间外门冷风渗透的研究表明，通过悬挂外门棉帘，减少楼梯间的开口，可以实现降低渗透风量70%以上，是一种实用有效的降低建筑供暖能耗的措施。

渗透风流量公式：

$$G = C_d A \times \sqrt{\frac{2\Delta P}{\rho}} \tag{1-1}$$

式中 C_d——开口阻力系数；

A——开口面积；

ΔP——内外压力差；

ρ——空气密度。

楼梯间顶层外门采用密封性良好的子母门，减少由屋面排出的冷风。一层外门采用悬挂厚质门帘，既起到保温作用，又减少冷风渗透。楼梯间外门及一层外门如图1-13所示。

根据2020年冬季测试结果，针对冬季客流少等情况，给出以下整改措施：

（1）冬季在满足消防安全前提下，重新规划旅客及员工的进出流线，关闭不常用的外门。

（2）对不常用外门及五层、六层客房采用挂设保温门、窗帘等措施减少冷风渗透，（夏季拆除）不影响夏季使用效果。

（3）对经常出入的主入口，冬季开启旋转门，旋转门两侧的门采用透明材料密封外门缝隙。

（4）为减少热压作用，冬季在楼梯间屋面外门内侧挂设保温门帘，减少热压抽拔作用。

(a)

(b)

图1-13　楼梯间外门及一层外门

（a）楼梯间通往屋顶外门；（b）一层外门

1.3.2 太阳能集热器运行效果分析

于2021年8月13日测得乙二醇蓄热罐与集热板之间循环的乙二醇的供、回温度如图1-14所示，并测得乙二醇流量为27.7m^3/h，乙二醇泵为一用一备并且为定频运行，乙二醇流量基本恒定。结合测得的乙二醇供、回温度和流量，并根据所用乙二醇的浓度（50%）查得其对应物性，计算得到集热系统的逐时集热量并进行累积，得到集热系统夏季典型日的集热量为1590MJ。冬季太阳能集热系统测试数据如图1-15所示。

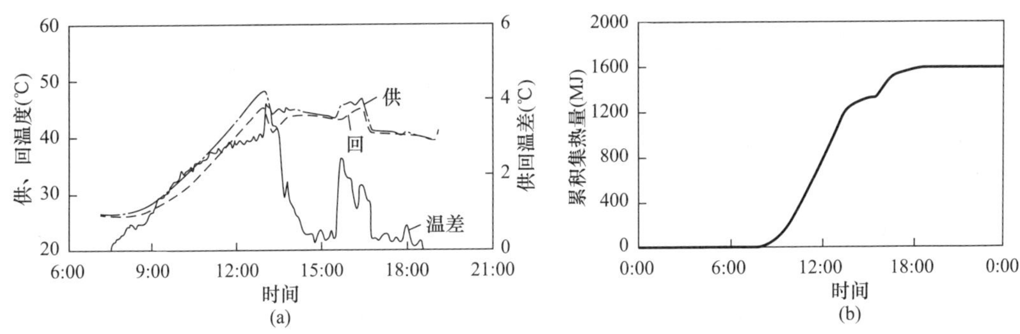

图1-14 夏季太阳能集热系统测试数据

（a）乙二醇供、回温度；（b）累积集热量

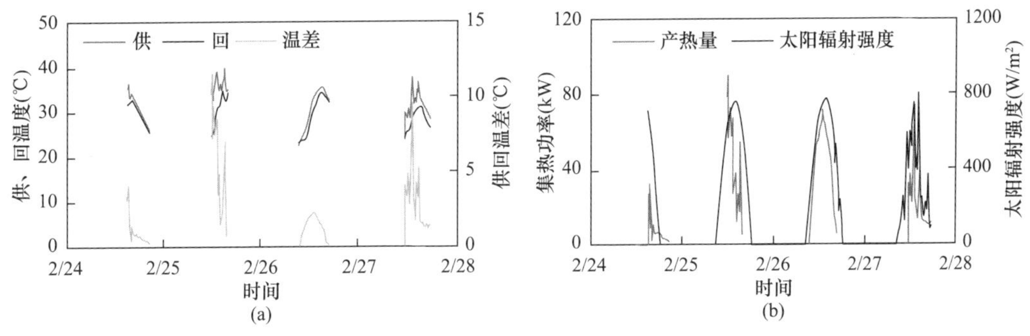

图1-15 冬季太阳能集热系统测试数据

（a）乙二醇供、回温度；（b）集热功率与太阳辐射强度

1.4 工程总结与亮点

该工程所在气候区夏季凉爽，无空调冷负荷；冬季寒冷，供暖季漫长，供暖能耗是主要能耗之一；太阳辐射强烈，为利用可再生资源太阳能实现净零能耗提供有利的先决条件。

（1）高原严寒地区旅游有明显的“淡旺季”，全年游客及从业人数有较大变化。根据旅游人数变化规律，冬季合理规划旅客入住区域，对非入住区降低供暖室内温度可降低供暖能耗约25%，具有较好的示范及推广意义。

（2）示范工程采用低温地板辐射供热，供热温度45℃/35℃，为太阳能辅助供暖提供可能。

（3）餐饮厨房设置热管式油烟回收机组，解决传统换热机组容易堵塞问题，减少了厨房新风耗热量。

（4）选择适合当地经济条件的围护结构经济传热系数，结合当地太阳能资源丰富的特点，提出采用太阳能光伏发电补充因门窗传热降低导致建筑能耗增加的解决方案。在当前门窗价格条件下，一味降低围护结构透光部分的传热系数，会大幅度增加投资。通过论证分析可知，如果将该部分增量投资用于太阳能光伏发电，不但可实现冬季能耗平衡，而且全年发电盈余 8.3 万 kWh。因此，在太阳能资源丰富地区，实现净零能耗目标窗户的传热系数可根据实际情况灵活选择。

（5）严寒地区门窗的气密性与门窗的传热系数相比，冷风渗透对供暖负荷影响更大。针对门窗缝隙的冷风渗透，采用简单有效的挂设可拆卸的保温门、帘的措施可大幅减低渗透冷负荷。

本章参考文献

［1］ 田顺，楚广明．寒冷地区酒店建筑能耗现状及分析［J］．节能，2016，35（6）：44-47.

［2］ 潘云钢．对青藏高原地区建筑太阳能热水供暖的几点看法［J］．暖通空调，43（6）：15-22.

第 2 章　祁连机场职工宿舍

2.1　工程概况

2.1.1　工程基本情况

祁连机场职工宿舍位于青海省海北藏族自治州祁连县城东南部，毗邻祁连山国家级自然保护区。北临林场路，西临中天泰光彩国际酒店，南临南环路。气候分区属于严寒 B 区。职工宿舍与空港酒店同属于西宁机场航空基地项目。

该工程总建筑面积为 2157m^2，建筑层数为地上 3 层，主要功能为员工宿舍及活动起居（图 2-1）。地下 1 层，主要功能为设备用房。总高 12.3m，为现浇钢筋混凝土框架结构。

图 2-1　职工宿舍实景图

2.1.2　净零能耗建筑技术路线

该工程结合所在地的气候资源条件、经济发展水平选择适宜的建筑技术集成示范。通过降低建筑能耗需求，充分利用当地太阳能资源丰富的优势作为可再生资源的补充，同时借助能耗检测实现运维调适挖掘潜力，最终实现净零能耗目标。

合理采用主、被动节能技术，降低建筑的能耗需求，同时充分利用当地的太阳能资源优势，通过在建筑庭院内建设太阳能光伏车棚等方式，为建筑提供能源。在宿舍楼二层开展太阳能直流辐射供热技术，利用白天太阳能发电加热蓄热地板，利用地板的热惰性，在夜间维持房间温度。以“蓄热”代替“蓄电”方式解耦太阳能光伏发电与供热需求之间的矛盾。同时设置能耗检测系统，在项目投入运营以后，对其持续开展“测试—分析—调适—再测试”等工作，逐步完善、优化和提升，并最终实现净零能耗的目标。技术路线如图 2-2。

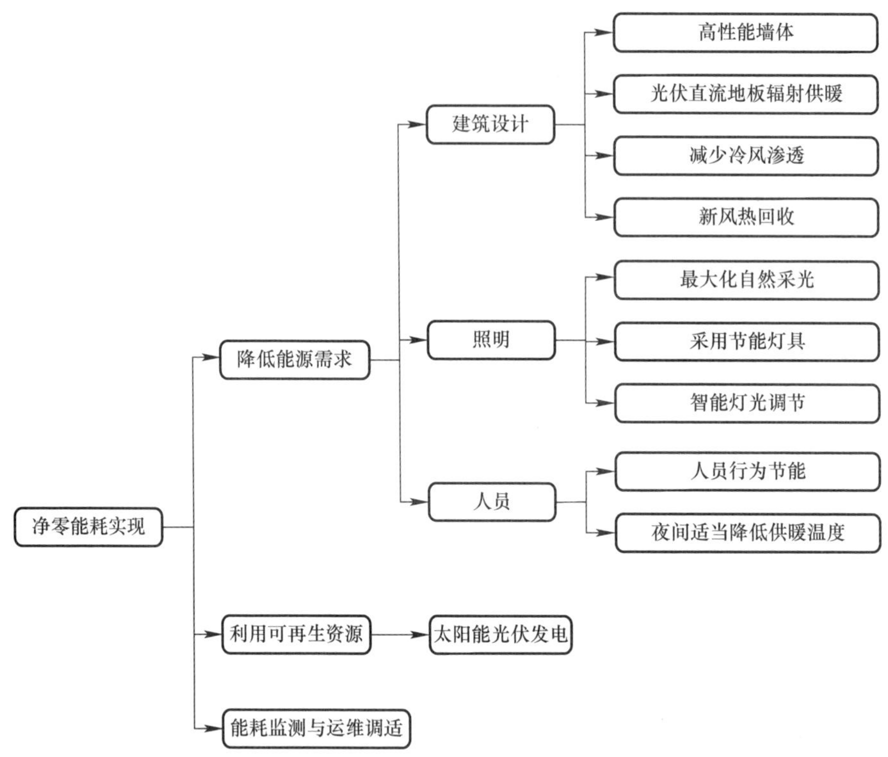

图 2-2　严寒地区职工宿舍净零能耗建筑技术路线

2.2　工程设计

由于项目地处严寒地区，建筑规划合理设置朝向，职工宿舍与空港酒店围合成东南方向庭院；围护结构采用厚重墙体，严格把控建筑体形系数和围护结构热工参数，最大限度降低建筑供暖负荷。通过低温地板辐射供热、新风热回收、行为节能等主动式节能技术，同时借助于能耗检测系统，实现机电系统的运维调适，进一步实现建筑能耗最小化。通过场地内光伏板发电实现净零能耗的目标。

2.2.1　被动式设计技术

1. 围护结构保温设计

围护结构做了良好的保温处理，避免出现热桥。建筑墙体采用加气混凝土砌块，保温材料采用憎水岩棉保温板，最外层是干挂石材，石材与保温层之间形成空气夹层，空气夹层区域按石材大小用保温材料分隔，减少空气在夹层的流动。围护结构热工参数见表 2-1。

围护结构热工参数 **表 2-1**

部位	保温材料	厚度（mm）	传热系数［W/(m²·K)］
屋面	XPS 保温板	170	0.14
墙体	憎水岩棉	200	0.15

2. 外门窗传热系数与气密性

为使得职工宿舍具有示范和推广价值，设计阶段并未一味提高门窗的性能参数。就示范工程而言，建筑外门、外窗的气密性对冷风渗透影响最大，尤其是冬季室内外温差很大，热压作用导致门窗冷风渗透更加明显。图 2-3 给出了不同窗户传热系数与建筑能耗的关系。因此，在外窗的选择上采用带锁闭功能密封性能良好的断桥合金外窗，提高玻璃的传热系数，从而大幅度降低增量成本。

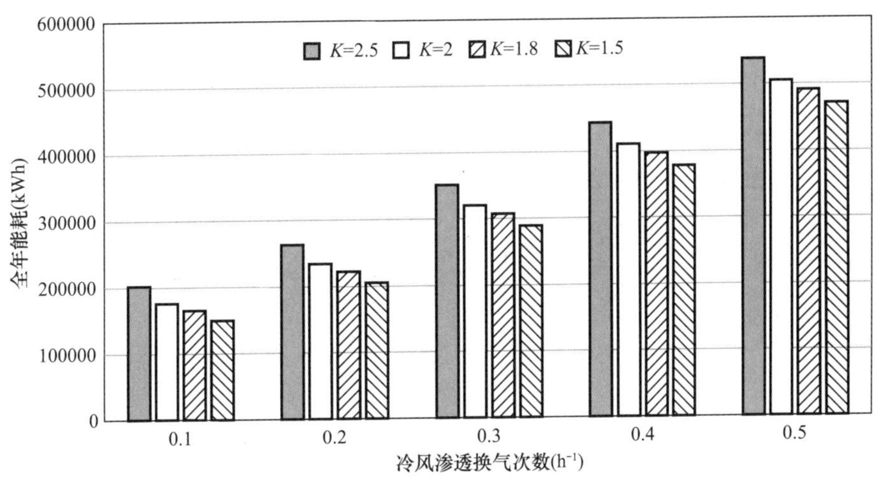

图 2-3 不同门窗传热系统全年能耗对比

2.2.2 主动式能源系统优化设计技术

1. 光伏直流供电＋蓄热地板供热技术

当前，市面上的电热膜供暖系统多采用 220V 的交流电，由电网直接供电。由于电热膜为纯阻性发热元器件，更适合直流供电技术。江亿院士提出的光伏直流用电是建筑用能的未来发展方向。直流供电与交流供电相比，具有供电效率高、线损少、安全可靠性高等优点。采用光伏发电直供电热膜技术则可减少光伏发电逆变环节的设备和损失，利用效率更高。

但是，光伏发电供应与供暖能耗需求的矛盾成为制约光伏发电供热的关键。解决这一矛盾的途径可采用光伏发电并网，即通过光伏逆变器，将光伏直流电逆变为交流电，供热侧根据需求由电网取电，实现供需平衡。或采用蓄电池，将白天富余的电力资源存蓄，待到夜间时由存蓄电力满足供暖需求，但是该方案需要建设较大容量的蓄电池组，投资大，而且蓄电池组使用寿命 5～10 年，会带来二次污染问题。

该工程采用以“蓄热”代替“蓄电”的技术方案。因为建筑供暖最终需求的是热，如果实现白天将太阳能发电转变为热，蓄在建筑体内，待到夜间需求时，利用建筑本体的热惰性、热延迟性实现房间稳定供热，能有效解决光伏发电与供热需求的平衡问题。关于此技术国内相应的技术研究和案例还不多，希望通过该示范工程实测，验证该方案的实际供热效果。

（1）地面构造

参考《低温辐射电热膜供暖系统设计与安装》16CK410，地面构造做法如图 2-4 所示。由下至上构造层次依次为：100mm 楼板＋30mm 绝热层＋（防护层＋填充层）＋电热膜＋填充层＋地砖面层。地面构造物性材料如表 2-2 所示。

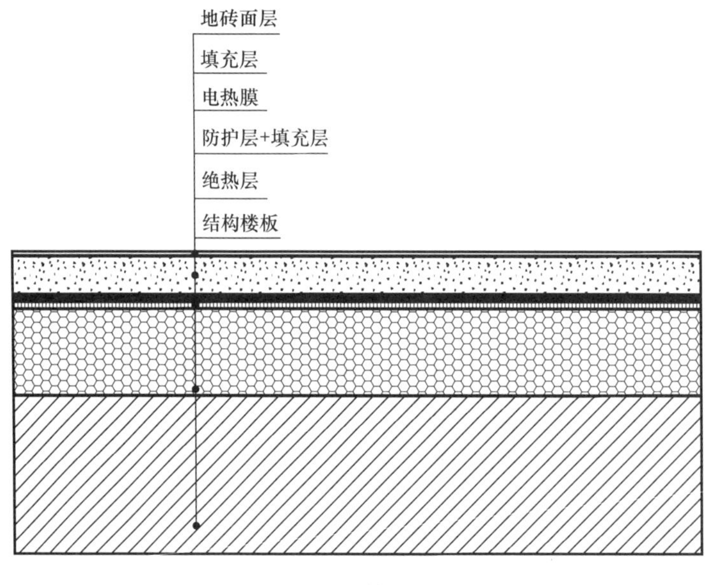

图 2-4　地面构造示意图

地面构造物性材料　　表 2-2

材料	密度（kg/m³）	热容［J/(kg·K)］	导热系数［W/(m·K)］
水泥砂浆	1800	1050	0.93
混凝土	2500	920	1.74
大理石	2800	817	2.91

（2）电热膜直流供电辐射供暖

选取职工宿舍二层作为光伏直流供电＋蓄热地板供热技术示范，电源由光伏发电经 DC/DC 变换器提供 220V 直流电供电热膜。光伏设置面积与室内供暖面积之比为1.16∶1。垫层厚度 150mm，白天利用电热膜加热地板垫层，夜间利用地板垫层的蓄热调节太阳能供电的波动，实现以“蓄热”代替“蓄电”。

职工宿舍二层建筑面积约 460m²，电热膜供暖建筑面积 193m²，敷设电热膜面积 100m²，如图 2-5 所示。

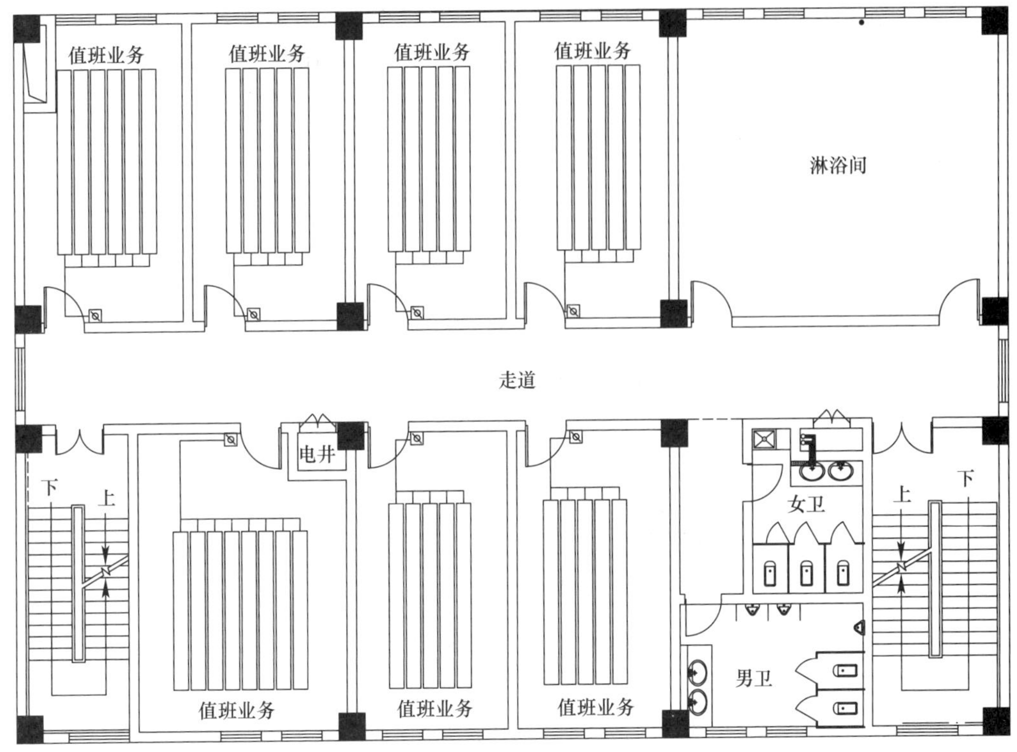

图 2-5　示范工程电热膜敷设

2. 能耗监测系统

能耗监测系统实现以下功能：用能端实时采集和监测用能端的暖通空调、照明插座、动力用电和特殊用电的分项能耗数据；提供能耗数据的统计和类、项、区、时字段的交叉查询；产能端提供太阳能发电量和太阳能转换热能的实时数据采集；按照区域、时段和设备组别统计发电量，热能转换量，计算能源转换效率。

同时，监测中心结合环境天气参数及用能端能耗进行能源需求预测；根据能源需求预测产能端对用能端的能源供给；统计产能端的太阳能发电、太阳能供热和市电的供应比例及能量，优先使用可再生能源；对系统设备、能耗异常提供告警信息推送；按运维所需对提供实时能源的可视化图形和报表，以及能源审计报告。

2.2.3　可再生能源利用技术

该项目根据酒店建、构筑物能铺设组件的面积，一期计划在车棚装设 380Wp 单晶半片组件 45.6kWp，在 2 号车棚装设 380Wp 单晶半片组件 22.8kWp，总装机容量为 68.4kWp；360Wp 晶硅光伏瓦装机容量为 21.6kWp，总装机为 90kWp。为了不影响建构筑物本身的美观性，车棚组件倾角及方位角与车棚顶角度及方位一致。采用光伏瓦（即建筑光伏 BIPV）组件产品作为建筑物屋顶安装。分别布置于 1 号、2 号车棚顶，酒店顶以及电梯、水箱间屋顶三处，如图 2-6 所示。

通过各自配备的并网逆变器转为交流电，供给酒店和职工周转用房使用。项目采用

“自发自用，余电上网”的原则，白天将富余发电上网获取售电费和补贴，夜间用电再从电网取电，要实现净零能耗，需要使上网电量不少于从电网的取电量。全年整体上实现净零能耗目标。

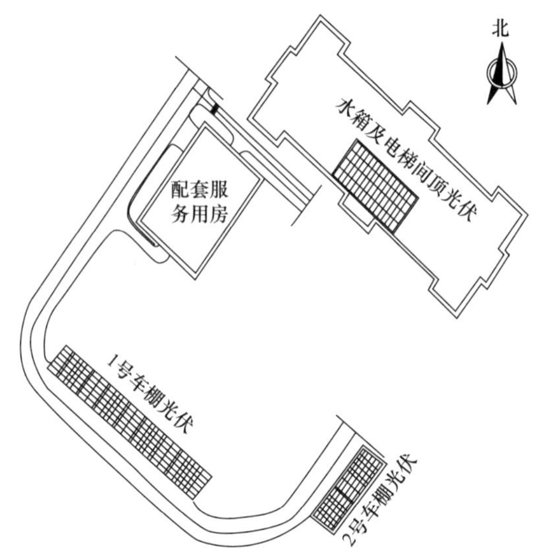

图 2-6　祁连机场酒店光伏平面布置图

2.3　工程运行效果

2.3.1　冬季电热模直流辐射供热效果分析

冬季对电热膜直流辐射供热效果进行测试，冬季职工用房室内温度如图 2-7 所示。

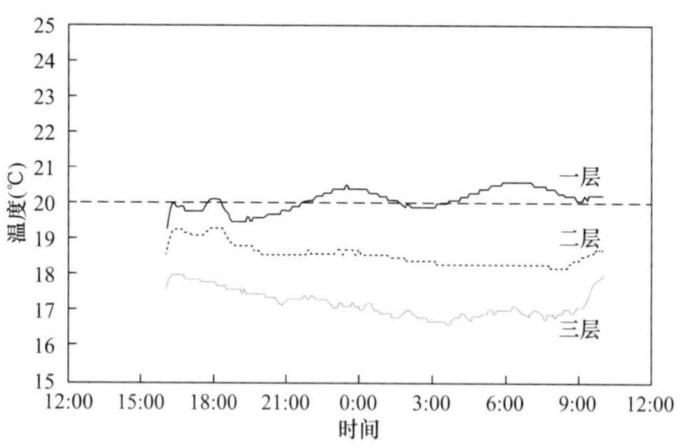

图 2-7　冬季职工用房室内温度

冬季测试期间，职工宿舍三层未安排人员入住，一层安排人员活动，二层采用电热膜直流辐射供热。测试情况表明，一层房间温度在 19.5～21.5℃之间波动，三层房间温度在

17～18℃之间波动，二层采用电热膜直流辐射供热房间温度在18.5～19.5℃之间波动，基本满足房间设计需求。

2.3.2 太阳能光伏运行效果分析

1. 太阳能光伏设置概况

太阳能光伏系统设置情况如图2-8所示。

(a) (b) (c) (d)

图2-8 光电系统光伏板和逆变器

（a）1号车棚；（b）2号车棚；（c）酒店屋顶；（d）1号车棚并网逆变器

2. 光电效率

对三个区域的光伏发电量和酒店的用电量进行了分类分项统计，可以得到逐时的发电、用电功率，如图2-9所示。可以看到，发电高峰为正午太阳辐射强度高时，而用电高峰在早晨和傍晚，存在时间不匹配问题。发电量峰值时将余电上网，发电量谷值时从外部电网取电，之后的供需关系分析中将只考虑电量的总量关系。

从发电、用电总量上看，测试当日（8月13日）光电发电量为441kWh，用电量总计607kWh，当日光伏发电量可承担用电量的72.6%。分析原因有：商业运营酒店过多的奢侈性用电造成用电负荷过大，例如：制氧间用电、智能马桶用电、景观及亮化照明用电等。

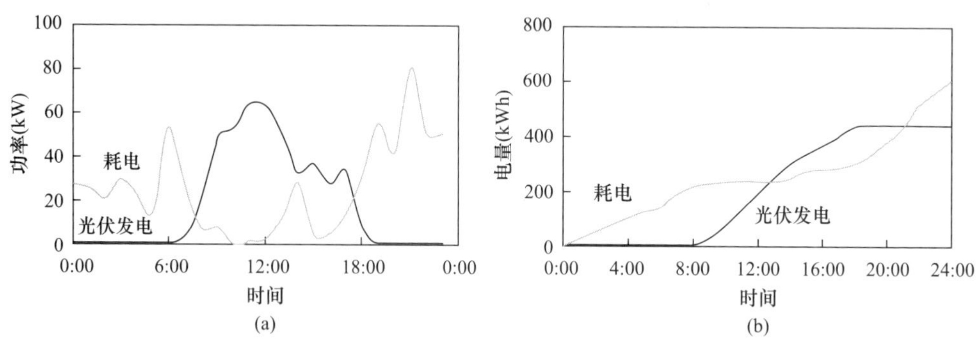

图 2-9 夏季典型日太阳能发电与用电量关系

（a）逐时光伏发电量与用电量；（b）累积光伏发电量与用电量

结合测得的太阳辐射强度，可以得到光伏系统发电功率与水平面太阳辐射强度关系如图 2-10(a) 所示。根据式（2-1）可以将平面上的太阳辐射强度换算成斜面上的太阳辐射强度，得到光伏系统效率 η 变化如图 2-10(b) 所示。

$$\eta = \frac{L}{QS} \tag{2-1}$$

式中 L——光伏发电功率，W；

S——光伏组件面积，m^2；

Q——光伏板上太阳辐射强度，W/m^2。

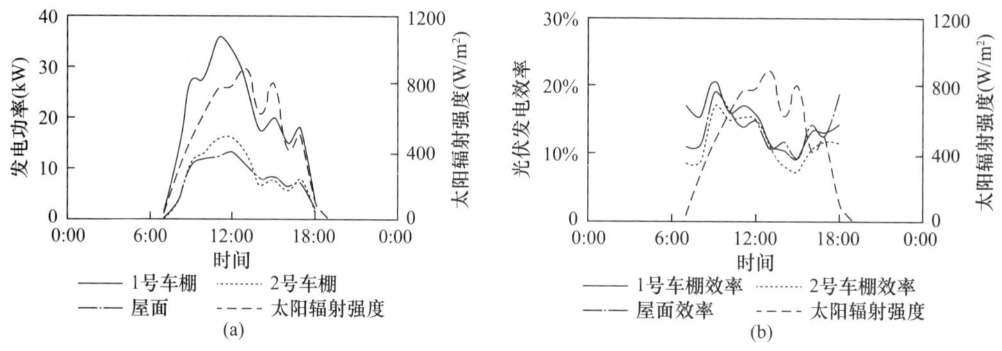

图 2-10 光电系统逐时发电效率

（a）光伏系统逐时发电功率；（b）光伏系统逐时光电效率

1 号车棚的太阳能光伏板面积最大，发电量也最大，而 2 号车棚与屋顶光伏板面积接近，发电量也较为接近。并且与集热器集热效率类似，光电效率与太阳辐射强度呈正相关关系，但长时间运行后光伏板温度升高、光电效率降低。得到 3 个区域光伏板的日平均光电效率分别为 14%、12.1%、13.3%，均不超过 14%，与设计值相比偏低。经过实地观察、与运维人员交流，发现与集热板类似，光伏板并没有进行清洁维护工作，平时积灰严重，降雨之后酒店楼顶光伏板还会出现积水情况，这些都是导致光伏板光电效率偏低的主要原因（图 2-11）。

图 2-11 光伏板积灰、积水问题

3. 全年发电量

由于光伏板存在积灰、积水等问题，光电效率不超过 14%，低于设计值（19%）。进行文献调研，分析未及时清洁对光伏板光电效率的影响，估计得到积极维护后光电效率可提高至约 16%。并且虽然太阳辐射强度等因素会影响光伏板光电转化效率，但日均光电转化效率可以认为是恒定值。

将平面上的太阳辐射强度转化为集热器斜面上的辐射强度后，结合光电效率可以得到全年各月光伏发电量，如图 2-12 所示。

4. 冬夏季供需关系

夏季测试日光伏发电与用电量的关系如图 2-13 所示，光伏发电可占总用电量的 94%。

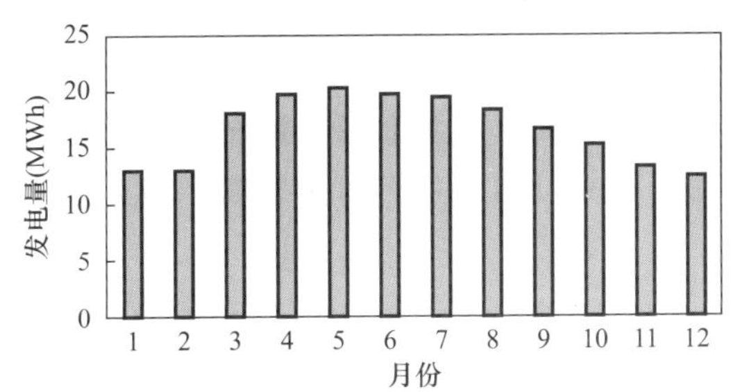

图 2-12 光伏系统全年发电量

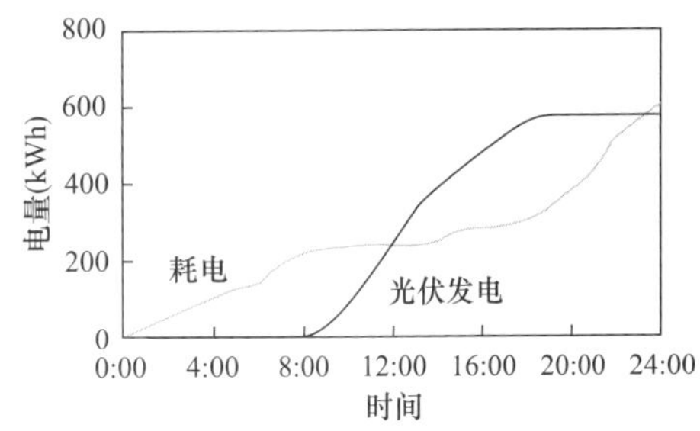

图 2-13 维护后光电量与用电量累计值

同样，根据历史气象数据可以得到酒店冬夏季典型月的光伏发电量。能耗监测系统记录了酒店各月的耗电量，所统计的用电量除去了一些非典型的酒店用电，包括制氧间用电、景观照明用电、亮化照明用电等。最终得到典型月光伏系统发电量、清洁维护后发电量、酒店设计耗电量、实际耗电量之间的关系，如图 2-14 所示。

可以看到 6、7 月实际耗电量远大于光伏发电量，分析其中原因可知，供给侧光伏板没有及时清洁导致光电转化效率低于额定值。更主要的原因在于，6、7 月份为酒店试营业阶段，为烘托气氛，增加大量临时用电负荷。将实际耗电量与设计耗电量做了比较，远大于设计耗电量，通过走访调研祁连县另一家相近规格酒店的用电情况，并考虑建筑面积比例等因素，可知该酒店前两个月的用电水平远高于同类型酒店正常水平。酒店方也注意到了酒店耗电量过高，8 月之后调整了用电模式，同时对一些智能家电更改运行策略，冬季已有效降低了除供热以外的耗电量，使得实际耗电量与设计值基本持平。

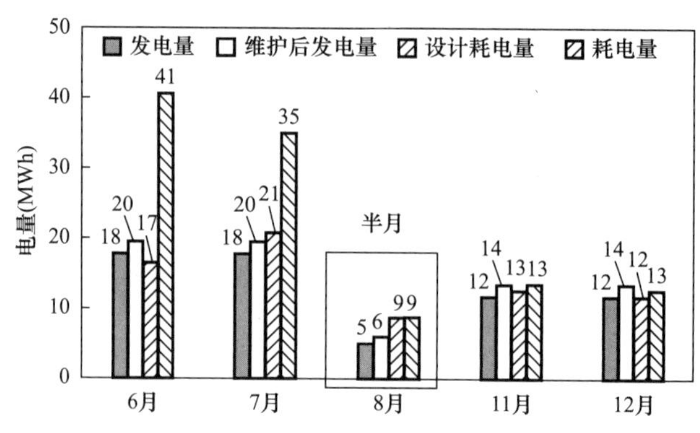

图 2-14 典型月光电系统发电量与酒店用电量

2.4 工程总结与亮点

该工程位于青海省海北藏族自治州祁连县，属于高原严寒地区。公共建筑祁连机场空港酒店建筑面积 8040m^2；居住建筑职工宿舍建筑面积 2157m^2，于 2021 年 6 月通过验收，投入试运营。该工程采用低围护结构传热系数、油烟热回收以及减小冷风渗透等技术降低供暖能耗；在冬季旅游淡季合理规划旅客入住区域，降低非入住区供暖温度，进一步降低供暖能耗；开展光伏发电直流辐射供热技术研究，利用地板垫层的蓄热作用，以“蓄热”代“蓄电”来解决太阳能发电与供热需求之间的矛盾；安装能耗检测系统指导运维调适；太阳能集热系统除满足酒店卫生热水需求外，可辅助供暖，太阳能光伏发电平衡全年用电。结合当地经济条件，在控制增量成本的前提下总体上实现全年净零能耗目标，起到示范作用。

本章参考文献

[1] 孙欢伟. 积灰对光伏系统发电效率影响及改善 [D]. 大连：大连理工大学，2015.

[2] Dong Z，Zhao K，Liu Y，et al. Performance investigation of a net-zero energy building in hot summer and cold winter zone [J]. Journal of Building Engineering，2021，43.

第3章　水发能源通榆县500MW 风电场——综合楼

3.1　工程概况

3.1.1　工程基本情况

水发能源通榆县500MW风电场——综合楼位于吉林省白城市通榆县，处于严寒B区，建筑高度为10.5m，设计主体为一栋地下零层、地上3层的综合楼甲类公共建筑，总建筑面积1951m^2，建筑体积6828.85m^3，建筑外表面积1843.13m^2，体形系数为0.27，建筑效果图如图3-1所示。

图3-1　综合楼效果图

一层层高3.6m，主要包括：办公室、会议室、门卫房、厨房、餐厅及相关配套用房；二层层高3.6m，主要包括：办公室、值休室、活动室及相关配套用房；三层层高3.3m，主要为值休室用房及相关配套用房，建筑面积及功能详见表3-1。白城市夏季空气调节室外计算干球温度为31.8℃，相对湿度为57%；冬季空气调节室外计算干球温度为−25.3℃，相对湿度为58%；夏季空气调节室外计算日平均温度为26.9℃，年平均温度为5.0℃。

建筑面积及功能表　　**表3-1**

类型	建筑面积（m^2）	面积占比
办公室、会议室	58.53	30%
值休室	671.87	41%
大堂、门厅	45.39	3%
餐厅	139.42	8%
走廊、楼梯等	296.5	18%

3.1.2 净零能耗建筑技术路线

1. 工程定位

该工程采用理论分析、数据挖掘及实验验证相结合的方法，多方位展开严寒地区净零能耗建筑研究、设计和集成示范，旨在打造适宜严寒气候区的净零能耗建筑，深度探讨适用于该气候区建筑的可复制、可推广的节能、产能、智能和舒适度保障技术，最终在提供舒适人居环境的同时，实现“零能耗”的突破。该工程示范技术汇总如表 3-2 所示。

示范技术汇总表　　表 3-2

序号	示范技术	技术特点与指标
1	高效保温围护结构	屋面传热系数为 0.15W/(m^2·K)； 外墙传热系数为 0.15W/(m^2·K)； 楼板传热系数为 0.3W/(m^2·K)； 外窗传热系数为 1.2W/(m^2·K)； 隔墙传热系数为 1.2W/(m^2·K)； 地面传热系数为 0.3W/(m^2·K)
2	超低温空气源热泵	单台空气源热泵机组在低温名义制热量工况下制热量 52kW（名义工况下 *COP*＝2.8）。 低温名义制热量测试工况为：出水温度 41℃，室外环境干/湿球温度－12℃/－14℃
3	新风热回收系统	独立新风热回收系统，气流组织采用上送上回形式，热回收效率>70%； 空气净化装置对大于等于 0.5μm 的颗粒物的一次通过计数效率>80%； 设置低阻高效空气净化装置，过滤等级≥G4＋F7
4	能耗分项计量系统	具有开放性、分布式、安全性、模块化的特点，通过系统管理、参数设置、数据采集、实时显示、能耗分析、报表统计、Web 浏览、数据转发等方式，构成本地建筑能耗计量与分析平台
5	太阳能集热系统	设计安装 14 组型号为 THCR5818-25 热管集热器，集热面积 51.1m^2，年有效集热量 35775kWh
6	太阳能光伏系统	屋面光伏系统，共采用了 144 块 450Wp 高效晶硅光伏组件，通过组串式逆变器进行建筑光伏系统配置，总装机量为 64.8kWp

2. 能耗控制目标

该工程以标准中对近零能耗公共建筑能效指标为设计依据，如表 3-3 所示。

近零能耗公共建筑能效指标　　表 3-3

<table>
<tr><td colspan="2">建筑综合节能率（%）</td><td colspan="5">≥60</td></tr>
<tr><td rowspan="3">建筑本体性能指标</td><td rowspan="2">建筑本体节能率（%）</td><td>严寒地区</td><td>寒冷地区</td><td>夏热冬冷地区</td><td>夏热冬暖地区</td><td>温和地区</td></tr>
<tr><td colspan="2">≥30</td><td colspan="3">≥20</td></tr>
<tr><td>建筑气密性（换气次数）</td><td colspan="2">≤1.0</td><td colspan="3">—</td></tr>
<tr><td colspan="2">可再生能源利用率（%）</td><td colspan="5">≥10</td></tr>
</table>

3. 总原则和技术路径

为实现建筑领域“双碳”目标，该工程以“被动优先，主动优化”的设计原则，合理设计技术方案，实现净零能耗公共建筑比节能标准降低 60%～70%，减少建筑物对传统能源的需求。同时，构建可再生能源系统，从而达到一定计算指标下的能量供需平衡，逐步实现建筑“降需—增效—产能—管理”，达到基本零能耗，实现建筑全生命周期碳排放中和目标。技术路径如图 3-2 所示。

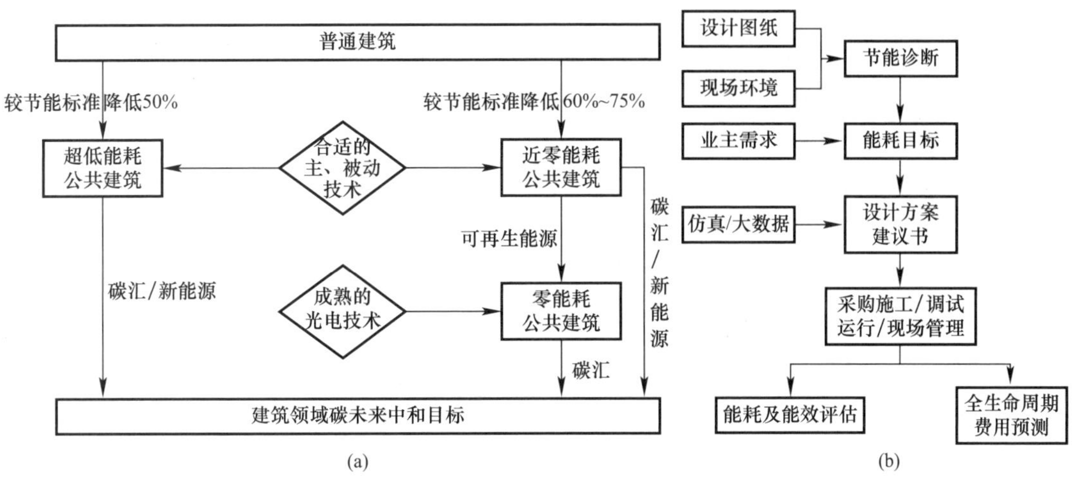

图 3-2　技术路径图

（a）低碳建筑建设路径；（b）技术路线图

3.2　工程设计

3.2.1　被动式设计技术

建筑围护结构的保温性能对建筑能耗影响显著，该工程采用高效保温围护结构，根据《近零能耗建筑技术标准》GB/T 51350—2019 的规定，基准建筑按照《公共建筑节能设计标准》GB 50189—2015 中表 3.3.1-2 的围护结构热工性能限值确定。该工程零能耗建筑的围护结构热工性能指标限值比较参见表 3-4。

外围护结构保温性能表　　表 3-4

热工参数	单位	基准建筑	零能耗建筑
屋面传热系数	W/(m^2·K)	0.28	0.15
外墙传热系数	W/(m^2·K)	0.38	0.15
隔墙传热系数	W/(m^2·K)	1.2	1.2
地面传热系数	W/(m^2·K)	0.91	0.3
楼板传热系数	W/(m^2·K)	0.5	0.3
外窗传热系数	W/(m^2·K)	2.5	1.2
	SHGC	0.45	0.31

3.2.2　主动式能源系统优化设计技术

1. 暖通空调

(1) 空调系统原理

该工程总空调面积 1500m^2，内部房间多为小空间布局，因此暖通空调系统采用半集中式空调系统，末端采用风机盘管，配以独立新风热回收系统，热回收新风系统于每层楼设置一个全热交换机，新风全热回收效率不低于70%，新风支管上安装有电动风阀，通常情况下该电动风阀与新风机室内机进行软联动控制，实现根据人员定位或者远程控制。

为满足建筑内部功能房间（办公室、会议室等）的冷热负荷需求，空调系统冷热源由两台型号为MAC230DR5LH的风冷热泵（制冷量65kW，低温制热量52kW）提供。空调系统冬夏两用，夏季供冷，冬季供热。

（2）冷热源设备

零能耗建筑空调系统在基准建筑空调系统的基础上采用适用于严寒地区的高性能风冷机组（MAC-XE系列超高效低温强热机组），设备参数如表3-5所示，其中低温名义制热量测试工况为：出水温度41℃，室外环境干/湿球温度−12℃/−14℃。

MAC230DR5LH风冷热泵性能参数表 表3-5

名义制冷量（kW）	制冷耗电量（kW）	制冷 *COP*	名义制热量（kW）	制热耗电量（kW）	供热 *COP*	低温制热量（kW）	低温制热耗电量（kW）	低温供热 *COP*	台数
65	18.73	3.47	71	19.5	3.64	52	18.6	2.8	2

2. 能耗分项计量系统

（1）系统综述

该工程针对能耗进行了分项计量，建立能源管理分析系统，系统采用分布式架构，通过现场总线将多功能电子式电能表数据通过通信服务器上传至现场服务器，系统采取TCP/IP传输协议连接现场采集终端和数据处理服务器，结构灵活、传输安全、实时性好、通信不受距离限制、可扩展性强。现场服务器软件采用组态的方式，支持Windows98、NT、2000、XP等多种操作系统，支持ODBC标准数据库和OPC、DDE等多种外部通信接口，组态化操作界面经过简单配置即可满足目标建筑能耗计量要求，软件具有开放性、分布式、安全性、模块化的特点，通过系统管理、参数设置、数据采集、实时显示、能耗分析、报表统计、Web浏览、数据转发等方式，构成本地建筑能耗计量与分析平台。

（2）系统功能

建筑能耗信息类型和获取途径繁多，要求系统能与不同协议的现场计量设备通信，软件提供相应的I/O驱动程序，用户不需要关心设备的具体通信协议即可以通过I/O驱动程序来完成与设备的通信，I/O驱动程序支持冗余、容错、离线、在线诊断功能，支持故障自动恢复等功能。对现场采集上来的大量的数据信息的存储也是能耗计量分析工作的关键步骤之一，同时要实现对这些数据方便、准确地读取和转储，这是进行能耗分析的保证。软件提供的即时数据库负责和I/O调度程序的通信，获取现场控制设备的采集数据，核心数据库作为一个数据源在本地给其他程序提供实时和历史数据，软件是一个开放的系统，作为一个网络节点，也可以给其他数据库提供数据，数据库之间可以相互通信，并支持多种通信方式，如：TCP/IP、串行通信、拨号、无线等，运行在其他网络节点的第三方系统可以通过OPC、ODBC、API/SDK等接口方式访问能耗数据库。此功能实现能耗数据的统计处理和节能分析，设计一套实用的能耗分析初步方案，方案组成包括能耗参考值设置、能源使用量分析、能源使用费用分析、能耗总基准分析、能耗平均基准分析、分项回路分析和能耗分析报告。提供一个从建筑“能耗信息获取”—“能耗信息管理”—“能耗对比分析”—“能耗水平判定”—“能耗建议提示”完整的诊断分析流程。

3.2.3　可再生能源利用技术

1. 太阳能集热系统

为满足建筑内部生活热水需求（厨房、餐厅、卫浴等），系统配置了太阳能集热系统，直接供给建筑生活热水，集热面积 51.1m^2，另配一台型号为 MAC050ER5 的风冷热泵作为辅助热源，储热水箱体积为 3m^3。太阳能集热系统运行工况如表 3-6 所示。

太阳能集热系统运行工况控制策略表　　表 3-6

工况		控制策略
夏季	夜间	优先储热水箱，不足开启风冷热泵
	白天	
冬季	夜间	优先风冷热泵，凌晨开启储热水箱
	白天	优先储热水箱，不足开启风冷热泵

工程配置 14 组型号为 THCR5818-25 热管集热器，集热面积 51.1m^2，基于 TRNSYS 仿真软件，针对此工程太阳能集热系统进行模拟，如图 3-3 所示，集热器年有效集热总量为 35775kWh，如图 3-4 所示。

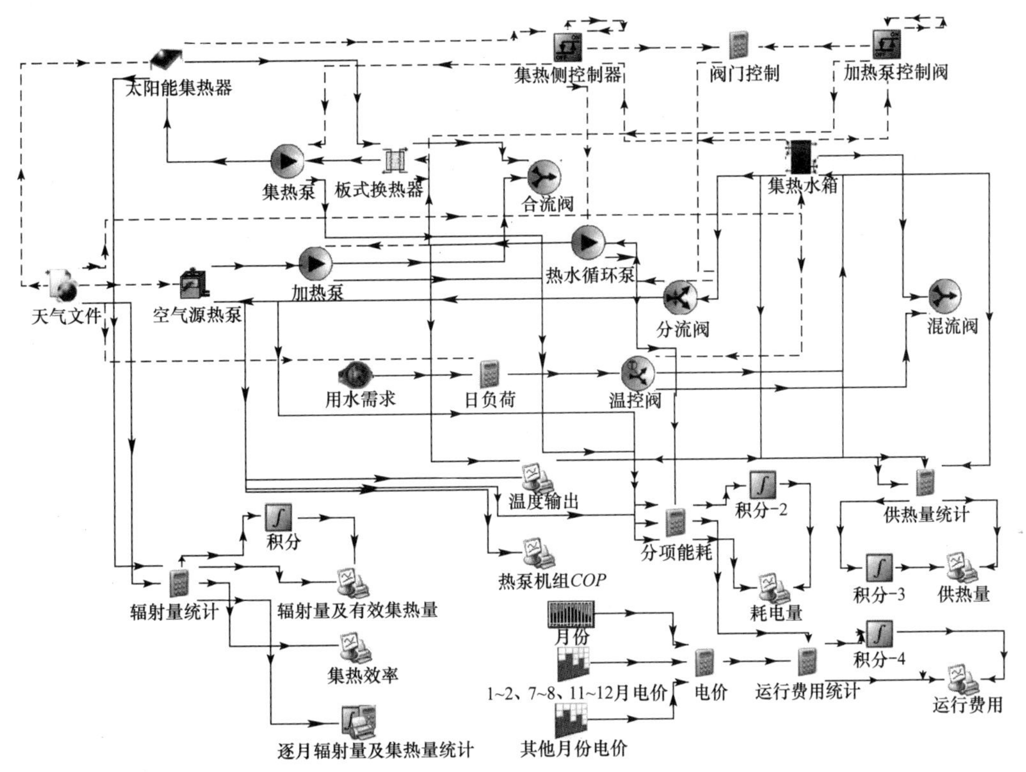

图 3-3　太阳能集热系统模型图

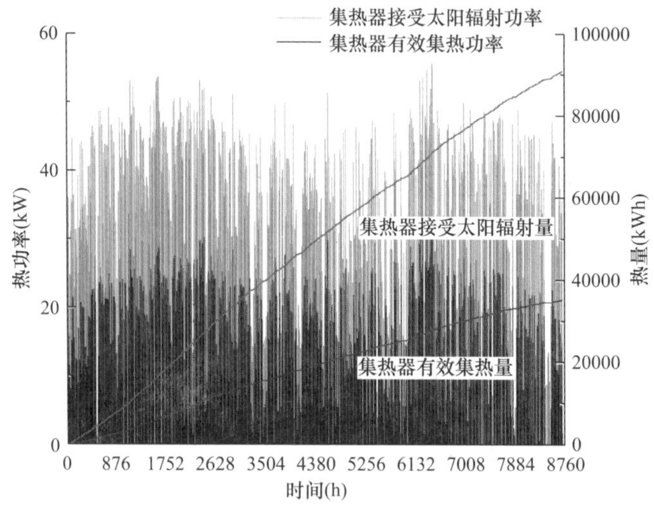

图 3-4　集热器逐时有效集热量

2. 太阳能光伏系统

该工程设置了屋面光伏系统，共采用了 144 块 450Wp 高效晶硅光伏组件，通过组串式逆变器进行建筑光伏系统配置，总装机量为 64.8kWp。系统光伏组件配置如表 3-7 所示。

工程组件安装情况一览表　　表 3-7

分项工程名称	组件类型	组件功率（Wp）	组件数（块）	总功率（kWp）
屋面光伏系统	单晶硅组件	450	144	64.8

按照并网系统的设计依据，参照《光伏发电站设计规范》GB 50797—2012 的相关规定进行发电量估算，考虑到光伏组件在使用过程中主材老化，根据组件功率衰减的行业标准（10 年功率衰减不超过 10%，25 年功率衰减不超过 20%）计算光伏系统运行 25 年的发电效益，工程光伏系统总装机量为 64.8kWp，首年发电量约为 89711kWh，年收益约 6.34 万元。光伏系统年均收益为 5.68 万元，其初始投资为 35.64 万元，估算光伏系统正常投入使用 6 年可收回投资成本。

3.3　精细化施工

3.3.1　设计施工一体化模式

该工程采用 EPC 设计施工一体化模式，通过深度融合设计与施工方的协同合作，无缝衔接设计与施工工作，提高工作效率及问题时效性，同时在保证工期与质量的前提下，尽可能降低工程整体造价与业主管理难度，充分体现集成管理实施的优势，实现资源最优配置，提升工程整体收益及质量。

3.3.2　专项施工技术

近零能耗建筑要求建筑物具有良好气密性，而气密性保障应贯穿整个施工过程，在施工工法、施工程序、材料选择等各环节均应考虑，尤其在外门窗安装、围护结构洞口部位、砌体与结构间缝隙、穿墙管道、屋面檐角、女儿墙、伸缩缝、沉降缝等关键部位的气密性处理。

1. 外门窗安装施工要点

门窗框与结构墙体结合部位是保证气密性的关键部位，在粘贴隔气膜和防水透气膜时要确保粘贴牢固严密。支架部位要同时粘贴，不方便粘贴的靠墙部位可抹粘接砂浆进行封堵。在安装玻璃压条时，要确保压条接口缝隙严密，如出现缝隙，可用密封胶封堵。门窗扇安装完毕后，应检查窗框缝隙，调整开启扇五金配件，确保门窗密封条气密闭合。

2. 围护结构开口部位气密性处理施工要点

当管道穿外围护结构时，预留套管与管道间的缝隙应进行可靠封堵。可用发泡剂进行填充，注意发泡剂要填塞密实，然后进行平整处理，并用抗裂网和抗裂砂浆封堵严密。穿地下室外墙管道尚需进行防水处理。管道、电线管等贯穿处可使用专用密封带可靠密封，密封带要灵活有弹性。电气线盒安装时，应在孔洞内涂抹石膏或粘结砂浆，然后再将线盒推入孔洞内，保证盒体与石膏或砂浆严密接触无缝隙。室内电线管路穿线完毕后，应对端头一段线管进行注胶处理，防止线管形成气体通路，影响气密性。砌块墙体装设电线管，开槽要大小准确，先用粘接砂浆抹入线槽内，压入线管，再用粘接砂浆压实抹平。结构上的对拉螺栓孔、砌体上的脚手架眼要用密封胶或发泡剂进行封堵，20mm 以上的孔洞要用抗裂网和抗裂砂浆抹平封闭。要避免装饰装修工程对建筑围护结构热工性能和气密性的损坏，以及对新风气流组织的影响。对墙体和地面、顶棚变形缝要进行气密性处理。

3. DY-3 气体现场灌充工艺

DY-3 功能复合气体是一种多层融兑、均衡配比的混合型气体，其他同质气体均为无色、无臭、无毒、气态的单原子分子，具有与惰性气体相同的理化性质，气体本身的物理属性可产生较低的传热系数。可结合各种结构的中空玻璃使用，在中空玻璃腔体内形成气体墙，使中空玻璃的隔热、降噪、降低辐射、抗风压性能大幅提升，具有高性能的隔热保温值，是理想的保温隔热材料，在节能上的优势尤为突出。施工流程如下：

在玻璃顶部剥开 30mm 左右的结构胶，充气机针头通过剥开结构胶的位置从丁基胶处插入。在玻璃下部开孔，连接充气机的回气管。打开减压阀开始往玻璃腔充 DY-3 气体。减压阀连接气体钢瓶，减压阀的输出值设定在 2～2.5MPa。玻璃中空的空气通过充气机的回气管回流到充气机内部。充气机内部的氧感器监测回流空气中的含氧量。充气机程序自动控制是否需要继续进行充气。充气完毕，用结构胶封闭所有开孔位置。工程完工之后进行抽检验收，按照《建筑外门窗保温性能检测方法》GB/T 8484—2020 标准执行实测或使用便捷式检测仪检测。抽检外窗传热系数满足要求，视为合格验收通过。

3.4 工程运行效果

3.4.1 运行调适情况

该工程应用示范了高效高温围护结构、新一代高效节能中空玻璃系列产品、超低温空气源热泵、光热及光伏等超低能耗主、被动技术，通过针对建筑各系统展开深度运行调适，并建立智慧能源管理系统，实时监控评估建筑运行情况。

3.4.2 单项技术运行效果分析

1. 智慧能源管理系统

智慧能源管理系统自 2022 年 2 月 27 日运行，可分项计量建筑空调系统、热水系统、照明插座等能耗数据，如图 3-5 所示。

2. 暖通空调系统

基于 2022 年 3 月 25～31 日的实际运行数据，针对空调系统机房运行性能展开分析，如图 3-6 所示。热泵机组 1 正常实际运行 *COP* 范围为 2.22～3.79，满足标准规定。2020 年 3 月 30 日 5：00 处于除霜工况，此时运行 *COP* 为 1.16。热泵机组 2 作为备用机组，实际运行 *COP* 最高为 2.30。机房能效为 1.72～3.25。该空气源热泵采用 EVI 喷气增焓高效压缩机，较常规压缩机增加一个回气口，实现二次压缩，大幅提升制冷剂循环量及室外热交换能力，更适用于北方严寒地区，其在低温环境工况下（出水温度 41℃，室外环境干/湿球温度－12℃/－14℃。），制热量为 52kW，*COP* 达 2.8，满足《低环境温度空气源热泵（冷水）机组能效限定值及能效等级》GB 37480—2019 限值要求。

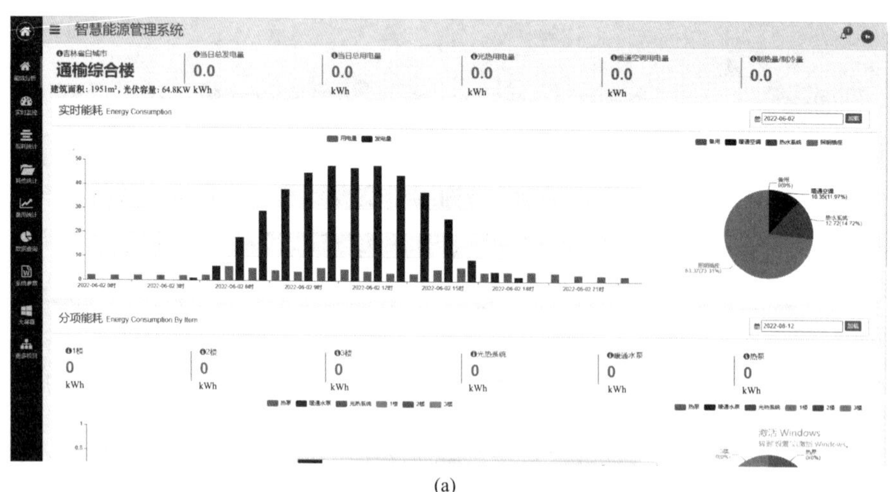

(a)

图 3-5　智慧能源管理平台（一）

(a) 智慧能源管理系统

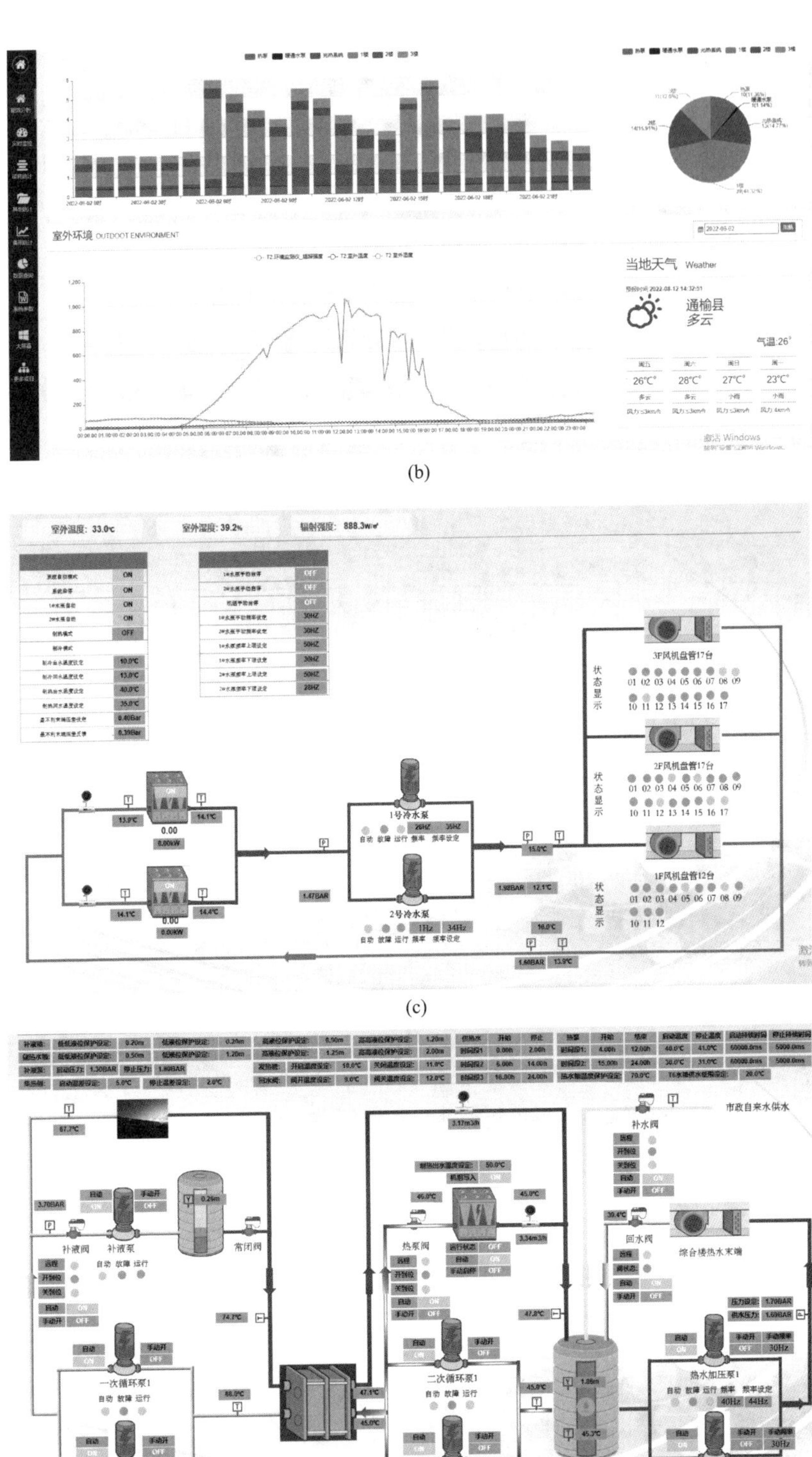

(b)

(c)

(d)

图 3-5　智慧能源管理平台（二）

（b）采集数据；（c）空调系统监控；（d）热水系统监控

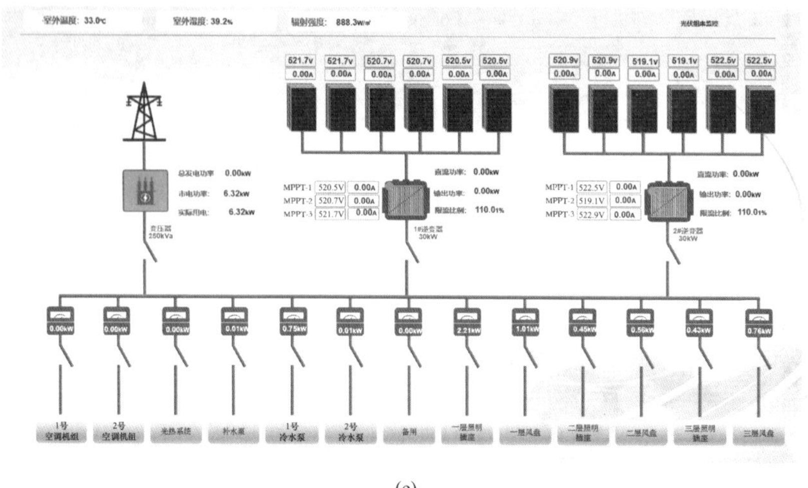

(e)

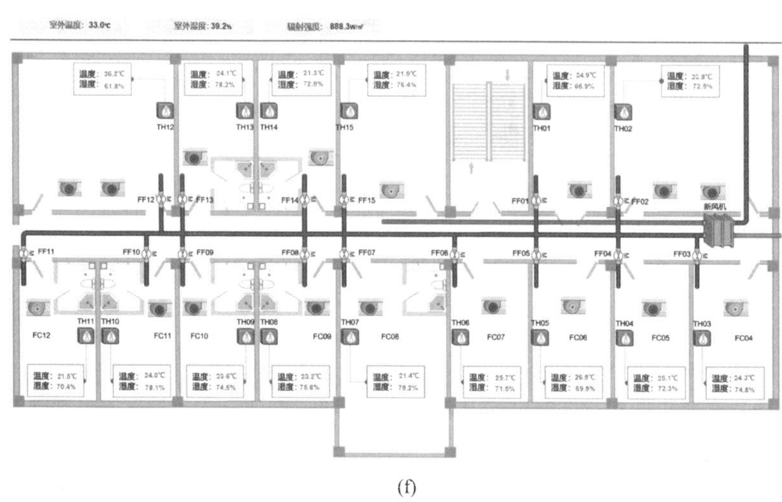

(f)

图 3-5 智慧能源管理平台（三）

（e）光伏系统监控；（f）室内设备监控

综上，在严寒地区，当环境温度较为极端（该地区冬季空气调节室外计算干球温度为－25.3℃），且建筑物周边不具备集中冷热源条件时，可以优先选择采用超低温空气源热泵作为独立的冷热源。

3. 太阳能光伏系统

该工程光伏系统配置容量为 64.8kW，自系统运行以来，光伏系统总发电量为 20360kWh，验证了该地区太阳能光伏系统技术高推广性、高复制性。通过对比分析建筑逐日总能耗及光伏逐日发电量数据可得，2 月 27 日至 3 月 31 日光伏发电量平均占比 51.33%，4 月 1～30 日光伏发电量平均占比 120.26%，5 月 1～18 日光伏发电量平均占比 252.42%，如图 3-7 所示。

3.4.3 综合能耗效果分析

智慧能源管理平台自 2022 年 2 月 27 日 12：00 开始运行，截至 2022 年 5 月 18 日

16：00，系统总能耗如图 3-8 所示，分析可得 3 月 10 日与 3 月 24 日照明插座能耗偏高，为非正常运行数据，判断该数据均为坏值，剔除此数据并统计系统自运行之日起分项能耗，如表 3-8 所示。

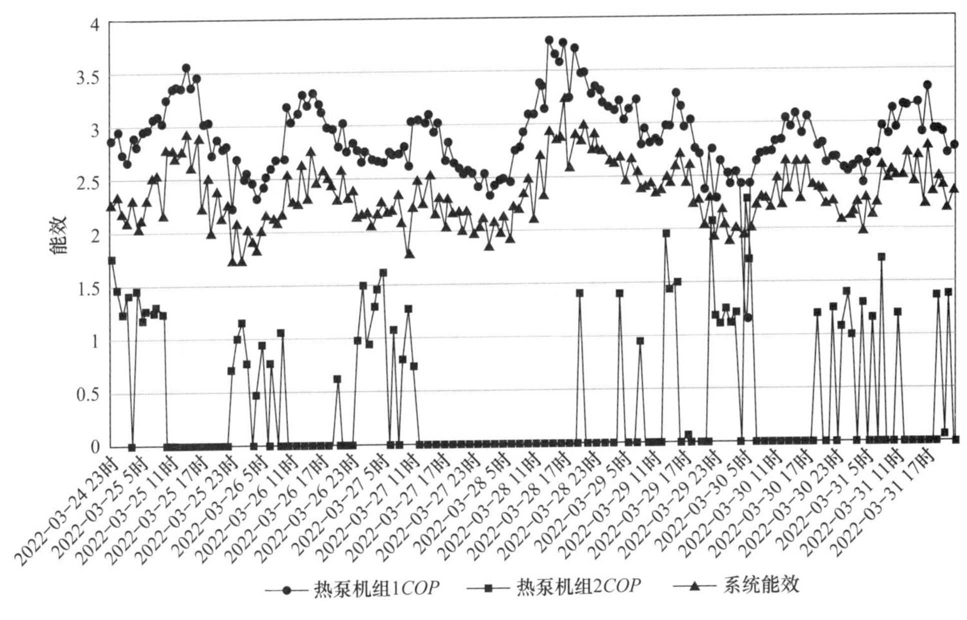

图 3-6　机房能效分析图

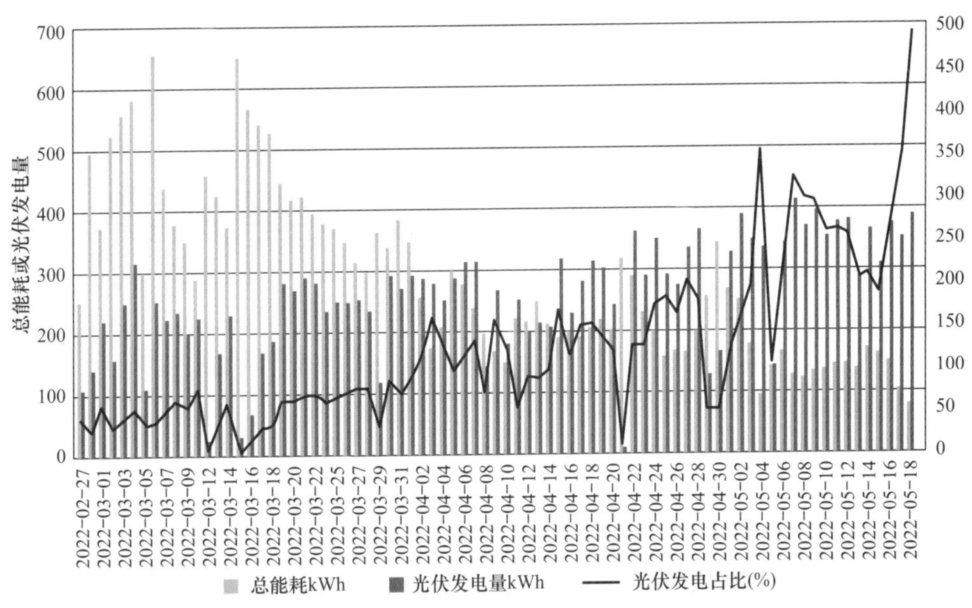

图 3-7　逐日系统总能耗与光伏发电量对比图

综上可知，该工程自投入以来，系统总能耗为 22784.21kWh，太阳能光伏总发电量可达 20360kWh，基本满足建筑零能耗要求，其中空调能耗占比 35%，照明插座能耗占比

60%，热水系统能耗占比5%。分析可得照明插座能耗较高的主要原因为人员生活习惯差异，企业应进一步规范人员行为习惯，倡导低碳生活。

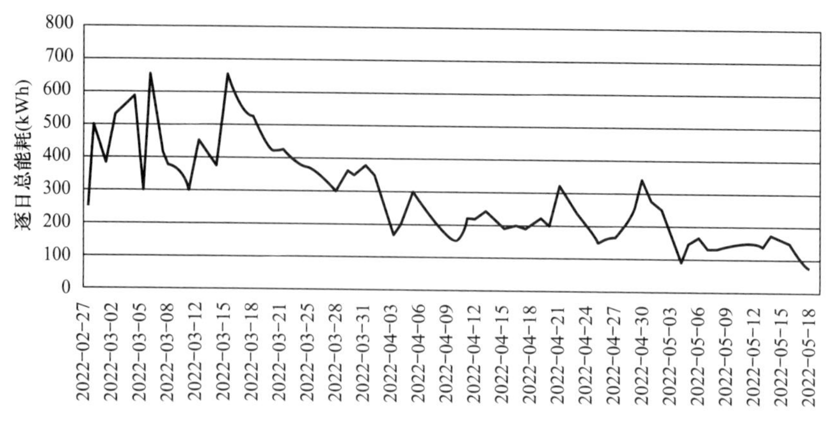

图3-8　自运行之日起系统逐日总能耗变化曲线

剔除坏值后系统分项能耗表　　**表3-8**

运行时间	空调能耗（kWh）	照明插座能耗（kWh）	热水系统能耗（kWh）	总能耗（kWh）
2月27日12时至2月28日	431.91	315.46	5.25	752.62
3月1日至3月31日	6385.05	5736.63	389.32	12511.00
4月1日至4月30日	895.29	5515.07	376.21	6786.57
5月1日至5月18日16时	388.77	2047.29	297.96	2734.02
分项总能耗	8101.02	13614.45	1068.74	22784.21

3.5　工程总结与亮点

水发能源通榆县500MW风电场——综合楼工程，深入贯彻“被动优先，主动优化”的设计理念，针对北方严寒气候区特殊的气候特征和自然条件，通过采用保温隔热性能和气密性能更高的围护结构、高性能冷热源设备、高效新风热回收技术及可再生能源（集热、光电技术），最大限度降低建筑能耗、提升室内人员舒适性，实现建筑全生命周期碳排放中和目标。综上，该工程主要亮点如下：

1. 新一代高效节能中空玻璃系列产品投入

该工程采用一种中空玻璃间隔层为DY-3复合功能气体的外窗玻璃，该功能复合气体DY-3是一种多层融兑、均衡配比的混合型气体，为无色、无臭、无毒、气态的单原子分子，具备较其他惰性气体更好的理化性质，可以产生较低的传热系数。

2. 超低温空气源热泵

该工程采用了超低温空气源热泵机组。该热泵机组采用EVI压缩机，制冷、制热量相比于普通压缩机组提升10%～20%，制热运行环境温度范围较常规机组更为宽广，更适用于严寒地区，制热能力优异，运行费用更低。其中单台机组低温额定工况下制热量为

52kW，*COP* 为 2.8；其中低温名义制热量测试工况为：出水温度 41℃，室外环境干/湿球温度为－12℃/－14℃。

3. 太阳能光伏、集热系统

采用设置于屋面的太阳能集热系统全年供给室内生活热水用能，风冷热泵作为辅助热源，其中太阳能光伏系统共配置了 144 块 450Wp 高效晶硅光伏组件，总装机量为 64.8kWp，年理论发电量达到 89711kWh，太阳能集热系统安装 14 组型号为 THCR5818-25 热管集热器，集热面积 51.1m^2，年有效集热量 35775kWh。

4. 能耗分项计量系统

该工程设置能耗分项计量系统，建立能源管理分析系统，通过对空调用电、动力用电、照明用电等建筑分项能耗进行系统管理、参数设置、数据采集、实时显示、能耗分析、报表统计、Web 浏览、数据转发，构成本地建筑能耗计量与分析平台，为进行建筑节能诊断和节能改造提供准确可靠的数据信息。

本章参考文献

[1] 中国建筑科学研究院. 民用建筑热工设计规范. GB 50176—2016 [S]. 北京：中国建筑工业出版社，2017.

[2] Zhang S，Fu Y，Yang X，et al. Assessment of mid-to-long term energy saving impacts of nearly zero energy building incentive policies in cold region of China [J]. Energy and Buildings，2021，241 (2)：110938.

[3] 张时聪，徐伟，姜益强，等. 国际典型“零能耗建筑”示范工程技术路线研究 [J]. 暖通空调，2014 (1)：8.

[4] 中国建筑科学研究院，河北省建筑科学研究院. 近零能耗建筑技术标准. GB 51350—2019 [S]. 北京：中国建筑工业出版社，2019.

[5] 周杰. 日本“零能耗建筑”发展战略及其路线图研究 [C]//第五届国际清洁能源论坛，2016.

[6] X Yang，Zhang S，Xu W. Impact of zero energy buildings on medium-to-long term building energy consumption in China [J]. Energy Policy，2019，129 (6)：574-586.

[7] 尹梦泽. 北方地区被动式超低能耗建筑适应性设计方法探析 [D]. 济南：山东建筑大学，2016.

[8] 中国建筑科学研究院. 公共建筑节能设计标准. GB 50189—2015 [S]. 北京：中国建筑工业出版社，2015.

[9] 中国建筑科学研究院. 建筑节能与可再生能源利用通用规范. GB 55015—2021 [S]. 中国建筑工业出版社，2021.

[10] 杨景洋，梁思源，彭泽焓等. 严寒地区空气源热泵供暖运行性能研究 [J]. 制冷与空调，2020，20 (10)：5.

[11] 柴沁虎，马国远. 空气源热泵低温适应性研究的现状及进展 [J]. 能源工程，2002 (5)：7.

[12] 刘畅，刘强，秦岩. 喷气增焓空气源热泵在北方寒冷地区的应用［J］. 暖通空调，2015（E01）：4.

[13] 王派，李敏霞，马一太，等. 低环境温度空气源热泵能效标准分析［J］. 制冷与空调，2018，18（3）：6.

[14] 孙宇. 面向楼宇能源管理的监控分析系统［D］. 南京：东南大学，2011.

[15] 杨毅. 能源管理系统的设计与实现［J］. 现代建筑电气，2013（12）：30-36.

[16] 檀革苗，皇甫艺，张皓. 大型公建能耗实时监测及节能运行管理平台的实践［J］. 上海节能，2011（3）：5.

[17] Wang F，Yuan C，Tang F. Study on Key Technical Issues about Energy Consumption Sub-metering and Monitoring System for Large-scale Public Buildings［J］. Building Science，2011.

[18] 高维庭. "太阳能集热器＋空气源热泵热水机"热水系统问题及对策［J］. 暖通空调，2013，43（1）：194-197.

[19] 韩延民，代彦军，王如竹. 基于TRNSYS的太阳能集热系统能量转化分析与优化［J］. 工程热物理学报，2006（z1）：4.

[20] 海电力设计院有限公司，中国电力企业联合会. 光伏发电站设计规范. GB 50797—2012［S］. 北京：中国计划出版社，2012.

[21] 张守峰. 设计施工一体化是装配式建筑发展的必然趋势［J］. 施工技术，2016，45（16）：5.

[22] 曹嘉明，姚远. 对设计企业开展设计施工一体化总承包（EPC）的研究和建议［J］. 中国勘察设计，2009（8）：4.

[23] 李临娜. 设计施工一体化模式下建筑设计方法优化研究［D］. 广州：华南理工大学，2018.

[24] Proceedings，Division of Building Research，National Research Council Canada. Construction Details for Air Tightness. Record DBR Semin. / Wksp.［J］. 1980.

第 4 章　大同市国际能源革命科技创新 A 区建设工程能源革命展示馆

4.1　工程概况

4.1.1　工程基本情况

大同市国际能源革命科技创新 A 区建设工程能源革命展示馆（简称“未来能源馆”）位于山西省大同市，处于严寒 C 区，建筑高度为 23.5m，体形系数为 0.21，地下 1 层，地上 3 层，总建筑面积为 28484.94m^2，其中地下建筑面积为 10507.89m^2，地上建筑面积为 17977.05m^2。地下一层层高 8.30m，主要功能为展厅、配套服务用房、机械停车库、配电室等；地上一层层高 7.80m，局部夹层层高 4.5m，主要功能为展厅和办公室等；地上二层层高 7.80m，主要功能为展厅；地上三层层高 7.50m，主要功能为展厅。建筑效果图如图 4-1 所示，建筑面积及功能详见表 4-1。大同市气候干旱多风，温差较大，年均气温 6.4℃，一月－11.8℃。最低温度－29.2℃，七月平均气温 21.9℃，年降水量 400～500mm。

图 4-1　未来能源馆效果图

建筑面积功能表 表 4-1

类型	建筑面积（m^2）	面积占比
山西能源展厅	7233	25.4%
未来能源厅	1424	5%
智慧园区展区	1337	4.7%
办公室	550	2%
能源检测中心	426	1.5%
贵宾接待室	308	1%
地下车库	1200	4.2%
展厅入口广场	914	3.2%
其他	15093	53%

4.1.2 净零能耗建筑技术路线

1. 工程定位

未来能源馆工程依托国家重点研发计划中美清洁能源联合研究中心建筑节能合作工程“净零能耗建筑适宜技术研究与集成示范”，采用理论分析、数据挖掘及实验验证相结合的方法，多方位展开净零能耗建筑研究、设计和集成示范研究，旨在打造适宜严寒气候区域的净零能耗智慧建筑，深度探讨适用于该气候区建筑的可复制、可推广的节能、产能、智能和舒适度技术，最终在提供舒适人居环境的同时，实现“零能耗”的突破。该工程示范技术汇总如表 4-2 所示。

示范技术汇总表 表 4-2

序号	示范技术	技术特点与指标
1	被动式智能化门窗幕墙	整体传热系数 $U \leqslant 1.2W/(m^2 \cdot K)$，可视面为 80mm×165mm； 玻璃幕墙部分采用单元式竖明横隐幕墙系统，气密性更好，可达到 4 级标准； 配双 Low-E 暖边钢化双中空充氩玻璃，内贴调光膜
2	高效保温围护结构	屋面传热系数为 $0.2W/(m^2 \cdot K)$； 外墙传热系数为 $0.25W/(m^2 \cdot K)$； 楼板传热系数为 $0.3W/(m^2 \cdot K)$； 外窗传热系数为 $1.2W/(m^2 \cdot K)$
3	光导管照明系统	配备 8 套导光筒系统； 光导管 1～8 管径均为 530mm； 光导管 1、2、5、6、7、8 管长为 3.6m，光导管 3 管长为 12m，光导管 5 管长为 5.3m
4	超低温空气源热泵	单台空气源热泵机组设计工况下制冷量 130kW（名义工况下 $COP=3.4$）； 单台空气源热泵机组设计工况下（−20℃）制热量 66.24kW（低环温名义工况下 $COP=2.0$）。冬季热水供/回水温度为 50℃/45℃
5	新风热回收系统	全热型全热交换，效率大于 70%； 空气净化装置对大于等于 0.5μm 的颗粒物的一次通过计数效率大于 80%； 设置低阻高效空气净化装置，过滤等级≥G4+F7

续表

序号	示范技术	技术特点与指标
6	地道风系统	设计6根长150m、直径1.2m的钢筋混凝土管道，地道风中心埋深最低点标高分别为−4.5m和−9m； 根据新风温度做PID调节，当预热后温度低于5℃后要开启预热盘管的电加热； 满足冬季新风预热功能为主，兼顾春夏降温需求
7	石墨烯储能式系统	配置GHϕ16PERT（23W/m²）石墨烯储能低温辐射地暖，电辐射地暖转换效率≥98%； 低温辐射电热盘管间距为150mm，控制器单路最大功率≤4kW； 采用CH-0.05mm专用铝箔反射层； 挤塑聚苯乙烯板绝热层，首层绝热厚度为30mm
8	建筑交直流混合微电网	设计微电网蓄电池容量为2000kWh，光伏直流并网容量约为937kW，直流总负载功率为1107kW
9	能量回馈电梯	再生电能回馈电网的效率为97%，热损耗为电阻制动的3%以下； 节能效果明显，无发热电阻，在电梯中使用可节电10%～40%； 制动效果好，制动力矩150%（37kW以下电机）； 工作可靠，电压谐波含量较少，无脉动环流； 有完善的保护功能，全电压自动跟踪，使用安全
10	能耗分项计量系统	具有开放性、分布式、安全性、模块化的特点，通过系统管理、参数设置、数据采集、实时显示、能耗分析、报表统计、Web浏览、数据转发等方式，构成本地建筑能耗计量与分析平台
11	光伏建筑一体化	共有1340块410Wp单晶硅光伏组件、926块320Wp单晶硅光伏组件、1405块40Wp的薄膜光伏组件、160块100Wp的薄膜光伏组件； 总装机容量为917.92kWp，接入微电网系统的光伏组串总功率为917.23kWp

2. 能耗控制目标

该工程以标准中对近零能耗公共建筑能效指标为设计依据，如表4-3所示。

近零能耗公共建筑能效指标　　表4-3

建筑综合节能率（%）		≥60				
建筑本体性能指标	建筑本体节能率（%）	严寒地区	寒冷地区	夏热冬冷地区	夏热冬暖地区	温和地区
		≥30		≥20		
	建筑气密性（换气次数）	≤1.0		—		
可再生能源利用率（%）		≥10				

3. 总原则和技术路径

该工程以“被动优先，主动优化”的设计原则，合理设计技术方案，实现净零能耗公共建筑比最新节能标准降低60%～70%，减少建筑物的传统能源需求。同时，通过成熟的光电技术构建可再生能源系统，从而达到一定计算指标下的能量供需平衡，逐步实现建筑“降需—增效—产能—管理”，达到基本零能耗，实现建筑全生命周期碳排放中和目标。

4.2 工程设计

4.2.1 被动式设计技术

1. 被动区域划分

依据该工程建筑整体设计方案，地下一层至地上三层整体为被动区域。被动区域（虚线包围的范围内）气密层标示示意图如图 4-2 所示。

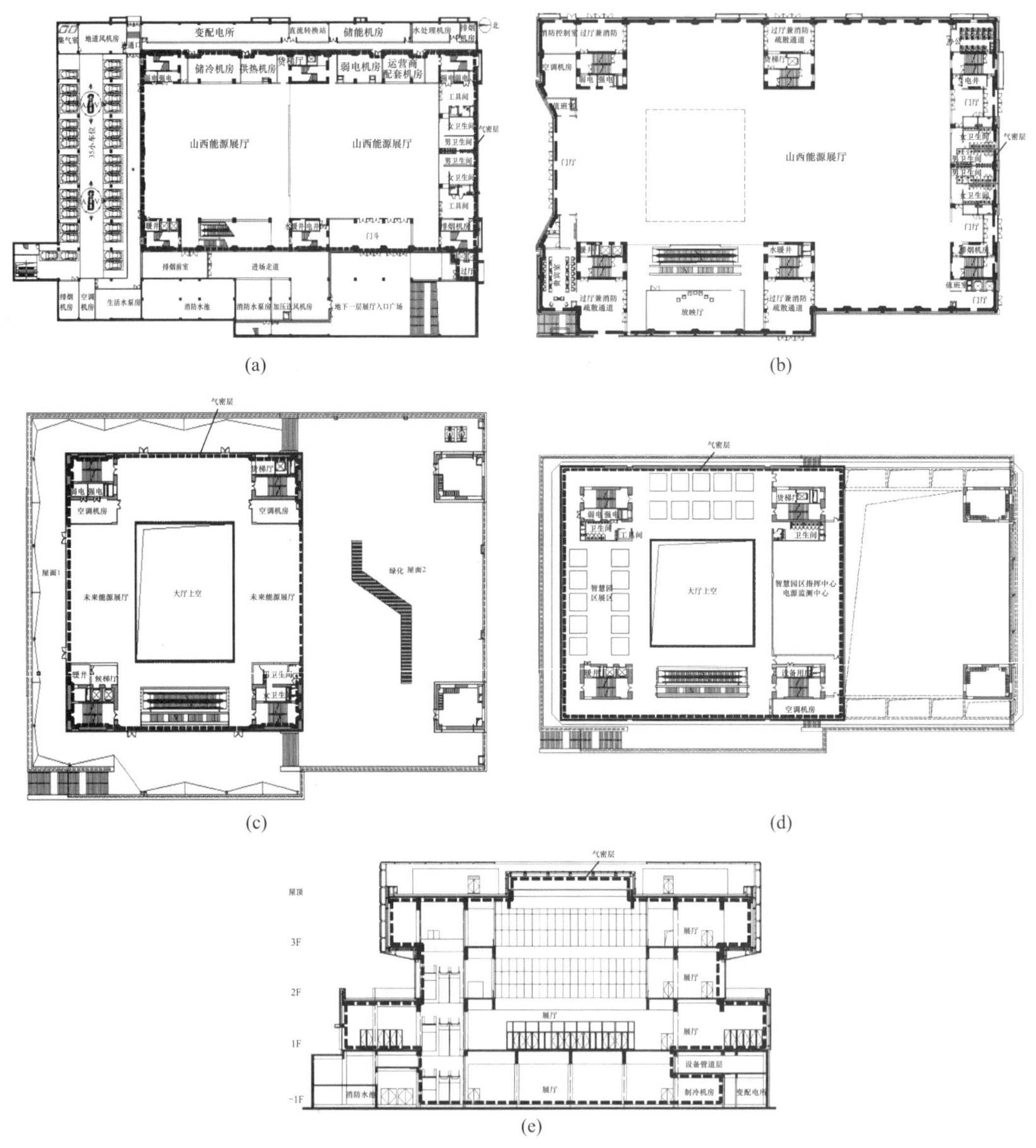

(a) (b) (c) (d) (e)

图 4-2　建筑气密层标示示意图

(a) 气密层标示示意平面图（地下一层）；(b) 气密层标示示意平面图（地上一层）；
(c) 气密层标示示意平面图（地上二层）；(d) 气密层标示示意平面图（地上三层）；(e) 气密层标示示意剖面图

2. 外围护结构性能优化

建筑围护结构的保温性能对建筑能耗影响显著，该工程采用高效保温围护结构，根据《近零能耗建筑技术标准》GB/T 51350—2019 规定，基准建筑按照《公共建筑节能设计标准》GB 50189—2015 中表 3.3.1-2 的围护结构热工性能限值确定。该工程零能耗建筑的围护结构热工性能指标限值比较参见表 4-4。

外围护结构保温性能表 **表 4-4**

热工参数		单位	基准建筑	零能耗建筑
体形系数		—	0.21	0.21
窗墙比	东向	—	0.29	0.29
	南向	—	0.33	0.33
	西向	—	0.25	0.25
	北向	—	0.38	0.38
屋面		W/(m^2·K)	0.35	0.20
外墙		W/(m^2·K)	0.43	0.25
楼板		W/(m^2·K)	0.70	0.30
外窗	东向	W/(m^2·K)	2.60	1.20
	南向	W/(m^2·K)	2.30	1.20
	西向	W/(m^2·K)	2.60	1.20
	北向	W/(m^2·K)	2.30	1.20

3. 被动式智能化门窗幕墙

该工程采用整体传热系数 $U \leqslant 1.2$W/(m^2·K) 的玻璃幕墙、门窗及采光顶系统，如图 4-3 所示。其中龙骨全部选用氟碳喷涂断桥铝型材，可视面窄，整体轻薄；玻璃幕墙部分采用单元式竖明横隐幕墙系统，气密性可达 4 级标准；玻璃采用双 Low-E 暖边钢化双中空充氩玻璃，内贴电致智能液晶调光膜，可根据建筑使用需求通低功率电流自由实现玻璃透明或者雾化状态，调节室内光线，并有效阻隔紫外线、红外线；对于展陈工程，还可以加上一台或多台激光投影机将普通玻璃幕墙变为多媒体玻璃幕墙。实现幕墙的智能化和低能耗要求。

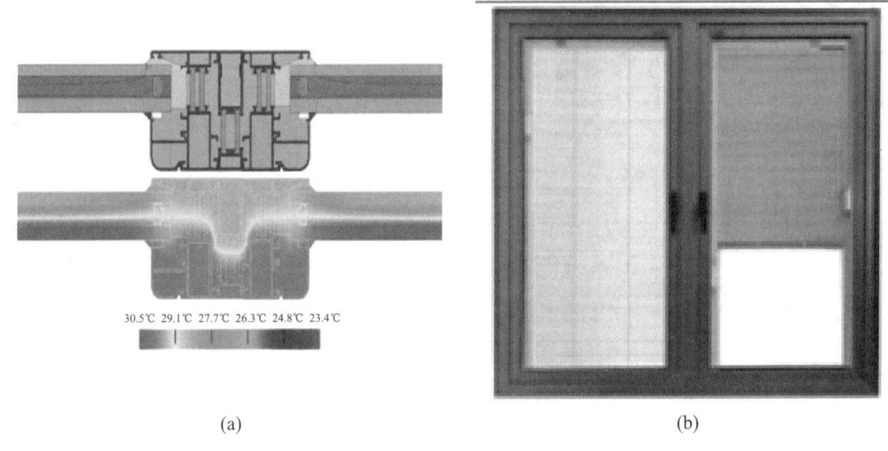

(a) (b)

图 4-3 智能化门窗示例（一）

（a）高性能玻璃幕墙；（b）季节可调集热窗

(c) (d)

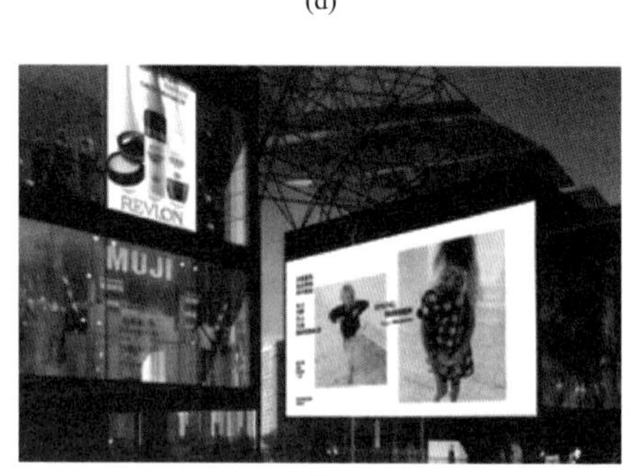

(e) (f)

图 4-3 智能化门窗示例（二）

（c）电致调光玻璃自贴膜；（d）接待室可开启墙体；（e）真空 Low-E 玻璃；（f）多媒体幕墙

4. 光导管照明系统

光导管照明系统主要由采光装置、导光装置及漫射装置构成，通过采光罩高效采集室外自然光线并导入系统内重新分配，再经过特殊制作的导光管传输后由底部的漫射装置把自然光均匀高效地照射到所需区域，充分利用太阳光，降低照明能耗。未来能源馆共设置 8 套管径均为 530mm 的导光筒系统，如图 4-4 所示。

图 4-4 顶层及地下室光导管

4.2.2 主动式能源系统优化设计

1. 暖通空调

该工程总空调面积 11115m^2，展厅等大空间全部采用集中式中央空调系统；办公、配套等小空间布局房间采用风机盘管加新风热回收系统，新风系统利用地道风对新风进行预处理，降低过渡季节通风、供暖和空调系统能耗；智慧园区控制机房、运营商配套机房采用恒温恒湿空调；消防中心、部分变配电间和重要设备用房采用分体空调；一层大厅设置低温热水地板辐射供暖系统，贵宾接待室设置石墨烯供暖系统作为冬季辅助供热。

空调冷源为磁悬浮离心式冷水机组与三台超低温空气源热泵，空调热源为三台超低温空气源热泵机组辅以市政热源。其中磁悬浮离心式冷水机组名义工况制冷量为 300RT，*COP* 为 6.0；单台空气源热泵机组名义工况制冷量为 130kW，*COP* 为 3.4，低环温名义工况下制热量 66.24kW，*COP* 为 2.0。

2. 独立新风热回收系统

该工程大空间采用转轮式新风热回收装置，办公等小空间采用板式热回收装置，如图4-5所示，热回收效率大于70%。新风由地下风进行预处理，根据新风温度进行PID调节，预热（冷）后加防冻装置，当预热后温度低于5℃时开启预热盘管的电加热（电量由光伏发电提供），防止新风机组内换热器冻结。

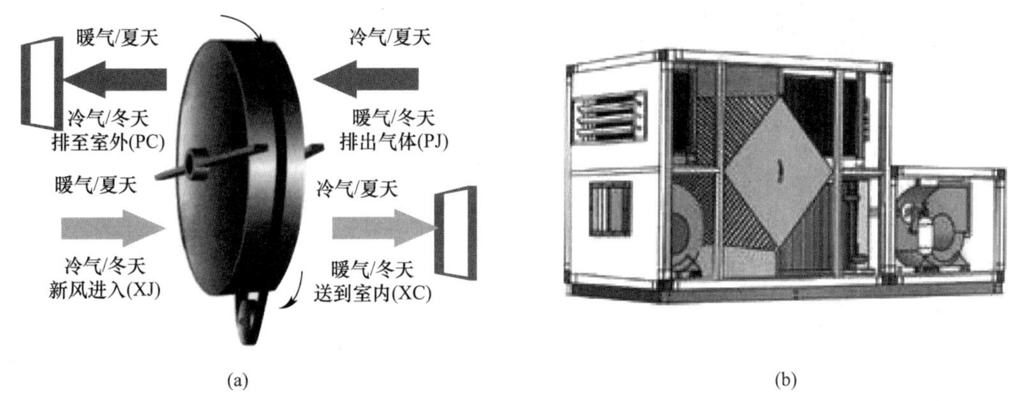

(a)　　(b)

图4-5　工程所采用的新风热回收装置

(a) 转轮式新风热回收装置；(b) 板式新风热回收装置

3. 地道风系统

由于地层全年温度波动较小，地层深处温度与地面空气温度有较大温差，工程地处严寒C区，冬季新风负荷较大，为充分利用地层储存的天然冷、热量，共配置6根长150m、直径1.2m的钢筋混凝土管道，如图4-6所示。优先满足冬季新风预热，兼顾春、夏降温需求。

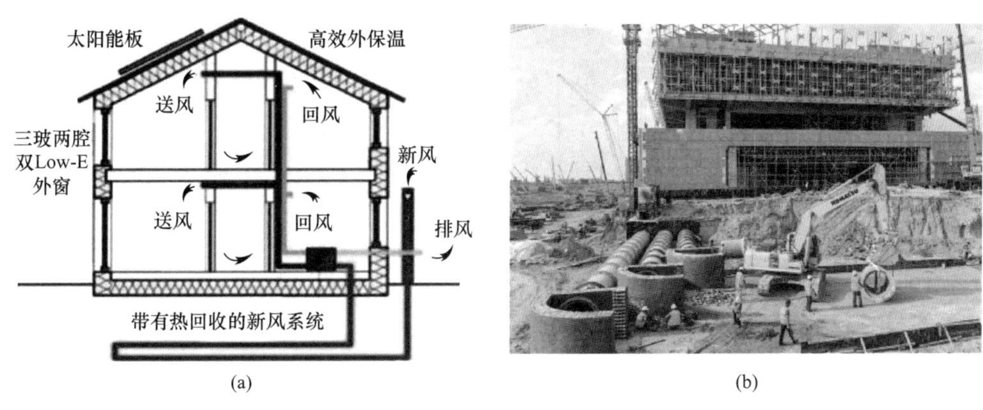

(a)　　(b)

图4-6　地道风系统

(a) 系统原理图；(b) 地道风现场施工图

4. 石墨烯储能式系统

该工程贵宾接待室建筑面积109.75m²，层高3.6m，供暖热指标为138W/m²，采用全新一代石墨烯碳纤维电热膜，如图4-7所示，设置石墨烯储能式供暖系统作为冬季补充供热，配置电热功率为15kW，当中央空调关闭时，保证在石墨烯电热地暖系统作用下，房间指定区域室温为10℃，石墨烯用电全部来自太阳能光伏发电。

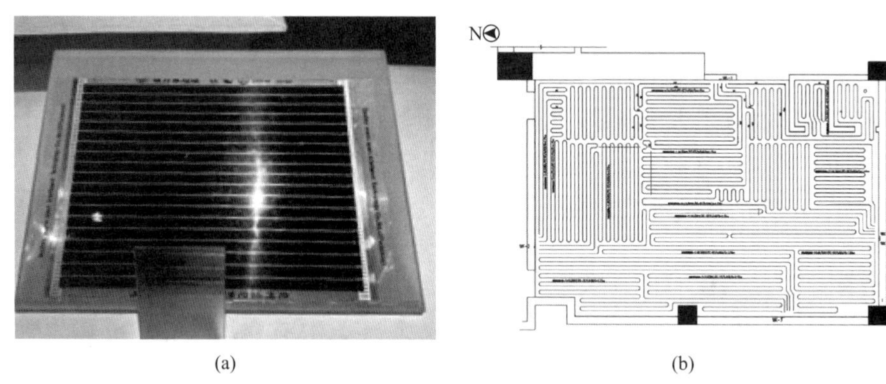

图 4-7　石墨烯储能式系统

（a）石墨烯材质；（b）地暖管盘管布置图

5. 建筑交直流混合微电网

该工程配置微电网蓄电池容量为 2000kWh，光伏直流并网容量约为 937kW，直流总负载功率为 1107kW。

微电网系统运行原理：

（1）当光伏发电量大于总负荷时，剩余电量储存在蓄电池组或市电网卖出。

（2）当光伏发电量小于总负荷时，由蓄电池补充电能。

（3）在阴雨天或晚上等极端情况下，由市电补充电能给负荷供电；当市电意外停电时，系统可根据当前光伏发电情况和蓄电池剩余电量情况自动控制两级负荷的投切。

完善的 EMS 系统可根据能源需求、市场信息和运行约束等条件迅速做出决策，通过对分布式设备和负荷的灵活调度实现系统的最优化运行，并且具备自学习能力，根据历史数据及当前工作状态正确预测可再生能源发电量、负载及蓄电池荷电情况，数据处理流程如图 4-8 所示。

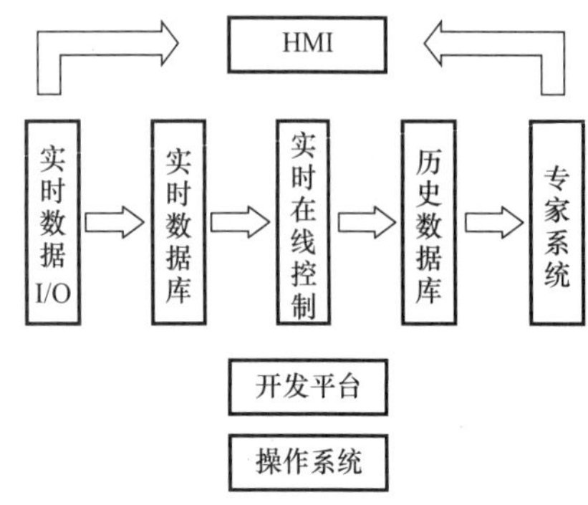

图 4-8　数据处理流程

目前已开发的功能包括：设备管理，除对 PCS 进行有效管理外，还对微电网系统的通风空调系统、消防系统、门禁系统进行管理；控制系统，包含现场管理控制系统和云端远程控制系统；与配电网进行能量交互，提供无功支持和热备用；分级服务，保障重要负荷用电。

6. 能量回馈电梯

该工程电梯机房加装电梯能量回馈装置，将电梯运行过程中产生的动能回收至电网重新利用。整体占地面积较小，节能效果良好，节能率在 20%～45%之间。具备以下技术特点：

（1）再生电能回馈电网的效率达 97%，热损耗为电阻制动的 3%以下。

（2）节能效果明显，无发热电阻，在电梯中使用可节电 10%～40%。

（3）工作可靠，电压波形好，谐波含量较少，无脉动环流。

（4）制动效果好，制动力矩 150%（37kW 以下电机）。

（5）全智能化，安装方便，操作简单，即装即用。

7. 能耗分项计量系统

针对建筑能耗进行分项计量，建立能源管理分析系统，采用远程传输等手段及时采集能耗数据，实现重点建筑能耗的在线监测和动态分析，通过系统管理、参数设置、数据采集、实时显示、能耗分析、报表统计、Web浏览、数据转发等方式，构成本地建筑能耗计量与分析平台。

该工程在传统变配电管理功能的基础上，开发能耗数据处理和能耗分析功能模块，构成完整的能耗数据采集输入、实时显示、数据处理、数据分析、结果提示的全过程能耗监管。系统可同时作为变配电管理、分项计量和能耗监管系统使用，由一般物业管理人员即可进行日常管理工作，包括变配电监视、报警，建筑能耗数据处理、分析，输出能耗分析结果，可实现数据自动采集、能耗数据存储转储、节能诊断分析等功能。

4.2.3　可再生能源利用技术

该工程最大可能地利用建筑屋面和立面，选用高效的太阳能光伏系统，实现至少全年123万度以上的发电量。

该工程太阳能光伏发电方案由5个子系统组成，如表4-5所示。共有1340块410Wp单晶硅光伏组件、926块320Wp单晶硅光伏组件、1405块40Wp的薄膜光伏组件、160块100Wp的薄膜光伏组件，总装机容量为917.92kWp，接入微电网系统的光伏组串总功率为917.23kWp（图4-9）。光伏系统可实现首年发电量为123.00365万kWh。

工程组件安装情况一览表　　表4-5

安装部位	组件类型	发电功率（Wp）	组件数（块）	装机容量（kWp）	并网功率（kWp）
屋顶光伏系统	单晶硅	410	1340	549.4	845.31
		320	926	296.32	
东立面光伏系统	薄膜	40	555	22.2	22.08
西立面光伏系统	薄膜	40	555	22.2	22.08
南立面光伏系统	薄膜	40	295	11.8	11.76
采光顶光伏系统	单晶硅	100	160	16	16
—	—	—	—	917.92	917.23

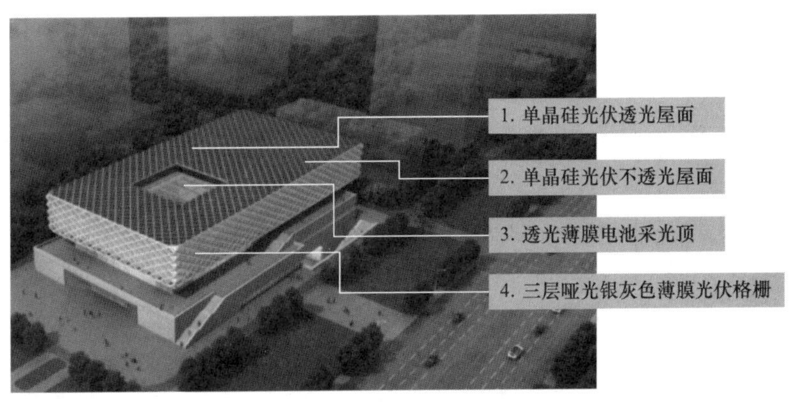

图4-9　太阳能光伏系统效果图

4.3 精细化施工

4.3.1 设计施工一体化模式

该工程采用EPC设计施工一体化模式，通过深度融合设计与施工方的协同合作，无缝衔接设计与施工工作，提高工作效率及问题时效性，同时在保证工期与质量的前提下，尽可能降低工程整体造价与业主管理难度，充分体现集成管理实施的优势，实现资源最优配置，提升工程整体收益及质量。

4.3.2 专项施工技术

1. 围护结构保温隔热施工

围护结构保温性能的确定应遵循性能化设计原则，通过能耗模拟计算进行优化分析后确定，主体围护结构做法和传热系数详见表4-6，保温材料性能指标见表4-7。经计算建筑冬季外墙内表面温度为18.80℃，屋面内表面温度为19.10℃，夏季外墙内表面温度为26.46℃，屋面内表面温度为26.46℃，满足近零能耗建筑要求。

主体围护结构做法及传热系数表 **表4-6**

围护结构名称	做法	设计传热系数［W/(m²·K)］
外墙	300mm厚钢筋混凝土+150mm厚岩棉带； 300mm厚加气混凝土+150mm厚岩棉带	0.28
屋面	200mm厚钢筋混凝土+150mm厚高密度石墨聚苯板	0.21
外挑楼板	200mm厚钢筋混凝土+100mm厚高密度石墨聚苯板； 200mm厚钢筋混凝土+100mm厚石墨聚苯板	0.28
被动区与非被动区之间的楼板	200mm厚钢筋混凝土+80mm厚岩棉带	0.48
被动区与非被动区之间的隔墙	600mm厚钢筋混凝土+80mm厚岩棉带； 300mm厚加气混凝土+80mm厚岩棉带	0.36
外窗	5T（Low-E，sl.16）+14Ar+5T+14Ar+5T（Low-E，sl.16）暖边钢化双中空充氩玻璃（90%干燥氩气）	1.20
幕墙	6T（Low-E，sl.16）+16Ar+6T+16Ar+6T（Low-E，sl.16）暖边钢化双中空充氩玻璃（内贴调光膜）	1.20
天窗	6T（Low-E，sl.16）+16Ar+6T+16Ar+6T（Low-E，sl.16）+1.14PVB+6T暖边钢化双中空充氩夹胶玻璃	1.20
外门	各层通往室外的门； 地下一层通往工具间、设备间和车库的门	1.20

注：以上所涉及的保温材料均应由系统供货商提供成套产品，同时提供国家法定检测部门出具的检验报告和产品出厂合格证明。材料进场后，施工单位应严格按施工程序规定抽样复检、监督确认、严禁使用不合格产品施工。

保温材料性能指标 表4-7

材料	干密度 (kg/m³)	导热系数 [W/(m²·K)]	修正系数	燃烧性能	压缩强度 抗拉强度
岩棉带	≥100	≤0.045	1.10	A级 不燃型	—
挤塑聚苯板	≥30	≤0.030	1.10	B1级 不燃型	—
高密度石墨聚苯板	≥30	≤0.030	1.05	B1级 不燃型	抗压强度 ≥0.2MPa
泡沫玻璃	≥200	≤0.060	1.10	A级 不燃型	—
加气混凝土砌块	≥700	≤0.180	1.25	A级 不燃型	—

2. 无热桥节点设计与施工

(1) 外墙

与室外空气接触的外墙保温系统采用岩棉带粘贴+锚固的方式。施工前选用干燥，表面平整、清洁的岩棉带，将岩棉带两表面及侧面刷专用界面剂处理后，采用满粘法进行粘贴，粘贴应紧密，避免出现缝隙；岩棉带粘贴后在其表面抹专用抹面胶浆并压入第一层耐碱网格布，采用专用断热桥锚栓固定；再在其表面抹抹面胶浆并压入第二层耐碱网格布；岩棉带上墙后应及时进行界面层、抹面层的施工，抹面层施工前，岩棉带严禁受潮、雨淋。锚栓应选用专用断热桥锚栓，锚盘直径不小于140mm，钢筋混凝土基层墙体大面锚栓数量每平方米不少于6个，有效锚固深度不小于55mm，加气混凝土砌块基层墙体大面锚栓数量每平方米不少于6个，有效锚固深度不小于65mm，在薄弱部位（如墙角、窗口等）应增加锚栓数量，要求锚栓规格及锚固深度必须满足规范要求，同时在门窗洞口处的薄弱部位必须严格执行施工方案；外墙保温系统每楼层设置托架，托架个数、材质和排布应根据具体材料性能深化设计，托架考虑断热桥措施。干挂石材锚固件、管道穿外墙周圈应采用岩棉（聚氨酯发泡）填塞密实，严禁出现缝隙。室外地坪以下部分的外墙外保温系统采用防水、耐腐蚀、耐冻融性能较好的挤塑聚苯板，且应与地上外墙保温连续。3层架空楼板的保温应连续包裹。管道穿外墙部位，开洞时应预留出足够的保温间隙。金属构件穿外墙保温部位（如干挂石材龙骨、雨水管支架），为避免破坏保温系统的完整与延续性，要求金属构件不宜直接与墙体连接，要事先规划和预留金属构件安装的部位，金属构件与墙体之间垫装隔热垫块，再将金属构件完全包裹在保温层里。室外楼梯为非被动区域，保温应连续包裹进行断热桥处理。

(2) 屋面和地面

屋面保温采用高密度石墨聚苯板分层错缝方式干铺，各层之间避免出现通缝，屋面设置隔汽层和防水层；屋面与外墙连接处保温层应连续，女儿墙保温层与屋面、墙面保温层连续，避免出现结构性热桥。地面保温采用挤塑聚苯板分层错缝方式干铺，各层之间避免出现通缝，因地面保温厚度增加，结合建筑层高要求，结构专业应配合做降板处理。管道穿地面、屋面部位，开洞及预留套管时应预留出足够的保温间隙。屋面设备基础应进行保温的连续包裹。

（3）外门窗

外门窗安装前需进行门窗洞口的抹灰找平、压光，保证洞口的平整度，以便于外门窗的安装和防水隔（透）汽膜粘贴。外窗利用锚固件和预埋件等构件进行固定。外门窗采用门窗框内表面与结构外表面齐平的外挂安装方式，保温板覆盖门窗框，门窗框裸露部分的宽度预留 15mm。外窗台应设置耐久性良好的金属窗台板，避免雨水侵蚀造成保温层的破坏，窗台板宜固定在外窗下部隔热垫块上，若外窗底部设有延伸副框（厂家配置），可将金属窗台板直接固定在副框上。

3. 建筑气密性施工要点

近零能耗建筑要求建筑物具有良好气密性，而气密性的保障应贯穿整个建筑设计、材料选择以及施工等各个环节。该工程进行了建筑气密性设计，并要求做到装修与土建一体化设计，技术要点如下：

（1）结构施工中，对于钢筋混凝土墙体（作为气密层的部分）上的模板对拉螺栓孔洞，应进行气密性封堵，清孔后先在一端采用膨胀水泥密封（深度约 30mm），再用聚氨酯发泡填充，在另一端采用膨胀水泥封堵密实（深度约 30mm），最后压入耐碱网格布做气密层的抹灰处理。

（2）外门窗应采用三道耐久性良好的密封材料密封。依据现行国家标准《建筑外门窗气密、水密、抗风压性能检测方法》GB/T 7106，外窗气密性等级不宜低于 8 级；外门、分隔供暖空间与非供暖空间的户门气密性能为 6 级。外门窗与结构墙之间的缝隙应采用耐久性良好的防水隔汽膜（室内侧）和防水透汽膜（室外侧）进行密封。

（3）构件管线、通风管道、电线套管等穿透建筑气密层时需进行密封处理。

（4）开关、插座线盒、配电箱等穿透气密层时，必须进行密封处理。位于现浇混凝土墙体上的开关、插座线盒，应直接预埋浇筑；位于有气密性要求的砌块墙体上的开关、插座线盒，应在砌筑墙体时预留孔位，安装线盒时应先用石膏灰浆封堵孔位，再将线盒底座嵌入孔位内，使其密封。

（5）窗井采光顶、屋面天窗应注意气密性和防水处理。

（6）卫生间排风竖井采用成品风道时，应在风道每节的接口处进行气密性封堵，风道穿楼板处进行气密性封堵，与卫生间排风竖井连接的管道，管道与竖井接口处应进行气密性封堵。

（7）应选择适用的气密性材料做节点气密性处理，如防水隔汽膜、防水透汽膜和玻纤耐碱网格布等材料。

4.4 工程运行效果

根据《近零能耗建筑技术标准》GB/T 51350—2019 规定，基准建筑按照《公共建筑节能设计标准》GB 50189—2015 设置模拟边界条件，主要功能区域采用多联机空调系统制冷，采用燃煤锅炉制热。零能耗建筑按照《近零能耗建筑技术标准》GB/T 51350—2019 设置模拟边界条件，主要功能区域采用多联机空调系统。建筑能耗模拟结果如表 4-8 所示。

建筑能耗模拟统计表　　表 4-8

能耗类型	基准建筑		零能耗建筑	
	(kWh/a)	[kWh/(m^2 · a)]	(kWh/a)	[kWh/(m^2 · a)]
供暖	699551	24.56	377588.5	13.26
空调	180310.70	6.33	123398.40	4.33
照明	172065.1	6.04	130963.09	4.60
电梯	18880.72	0.66	14175.69	0.50
总能耗	1070807.52	37.59	646125.68	22.68

依据《近零能耗建筑技术标准》GB/T 51350—2019 计算建筑能效指标，如表 4-9 所示。

建筑能效指标表　　表 4-9

能效指标	标准要求	模拟指标
建筑综合节能率	≥60	154.53%
建筑本体节能率	≥30	39.66%
可再生能源利用率（%）	≥10	190.37%

各能效指标满足《近零能耗建筑技术标准》GB/T 51350—2019 第 5.0.6 条的要求，室内噪声及空气品质也满足零能耗建筑要求。

4.5　工程总结与亮点

通过前期调研、方案设计、仿真与大数据技术支撑及相关专项现场运行管理等技术手段，深入贯彻“被动优先，主动优化”的设计理念，运用合适的主被动技术、成熟的光电技术及高舒适、低能耗的终端设备智能控制策略，合理设计技术方案，实现净零能耗公共建筑较节能标准建筑能耗的大幅降低，达到基本零能耗，实现建筑全生命周期碳中和目标。该工程主要技术亮点如下：

1. 被动式设计技术

以被动设计优先，采用高效保温围护结构、被动式智能化门窗幕墙、光导管照明系统等被动设计技术，大大降低建筑室内负荷需求，初步实现建筑节能降耗，为主动系统的设计提供空间。

（1）高效保温围护结构优化设计：屋面传热系数为 0.2W/(m^2 · K)，外墙传热系数为 0.25W/(m^2 · K)，外窗传热系数为 1.2W/(m^2 · K)。

（2）采用被动式智能化门窗幕墙系统，整体传热系数 $U \leqslant 1.2$W/(m^2 · K) 的玻璃幕墙、门窗及采光顶系统。

(3) 配置8套导光筒系统，利用光导管照明改善内部采光，减少人工照明。

2. 主动式设计技术

在被动设计的基础上，采用超低温空气源热泵、地道风系统、石墨烯储能式系统、交直流混合微电网、能量回馈电梯等主动技术，降低建筑负荷，提高了能源利用效率，并配置能耗分项计量系统，实现能耗的动态监测。

(1) 采用超低温空气源热泵，保证机组在－20℃能正常制热，实现了空气源热泵在严寒地区供暖的可能。

(2) 新风采用地道风系统进行预处理，辅以高效新风热回收系统，充分利用地层对自然界的冷、热能量的储存作用，降低新风负荷，改善室内热环境。

(3) 贵宾接待室采用石墨烯储能式系统，作为冬季补充供热，配套太阳能光伏发电系统供给石墨烯供暖系统用电。

(4) 采用交直流混合微电网系统，微电网蓄电池容量为2000kWh，光伏直流并网容量约为937kW，直流总负载功率为1107kW，系统规模远超目前所有直流示范项目的直流应用规模，利于直流电的应用推广。

(5) 采用能量回馈电梯，将电梯运行过程中产生的再生能量回收到电网重新利用，节电率在20%～45%之间。

(6) 采用能耗分项计量系统，对空调用电、动力用电、照明用电等重点建筑能耗进行在线监测及动态分析。

3. 可再生能源技术

因地制宜，通过合理利用可再生能源，采用太阳能建筑一体化技术，系统总装机容量917.92kWp，接入微电网系统的光伏组串总功率为917.23kWp，可实现首年理论发电量为123.00365万kWh，实现建筑用能的部分自给及余电上网，降低成本，实现效益的最大化。

本章参考文献

[1] 中国建筑科学研究院. 民用建筑热工设计规范. GB 50176—2016 [S]. 北京：中国建筑工业出版社，2017.

[2] Zhang S, Fu Y, Yang X, et al. Assessment of mid-to-long term energy saving impacts of nearly zero energy building incentive policies in cold region of China [J]. Energy and Buildings, 2021, 241 (2): 110938.

[3] 张时聪，徐伟，姜益强，等. 国际典型“零能耗建筑”示范工程技术路线研究 [J]. 暖通空调，2014 (1)：8.

[4] 赵园园，齐冬晖. 近零能耗技术在未来能源馆设计中的示范应用 [J]. 山西建筑，2021，47 (9)：160-162.

[5] 中国建筑科学研究院，河北省建筑科学研究院. 近零能耗建筑技术标准. GB 51350—2019 [S]. 北京：中国建筑工业出版社，2019.

[6] 周杰. 日本“零能耗建筑”发展战略及其路线图研究 [C]//第五届国际清洁能源论坛. 2016.

[7] 尹梦泽. 北方地区被动式超低能耗建筑适应性设计方法探析 [D]. 济南：山东建筑大学，2016.

[8] 中国建筑科学研究院. 公共建筑节能设计标准. GB 50189—2015 [S]. 北京：中国建筑工业出版社，2015.

[9] 中国建筑科学研究院. 建筑节能与可再生能源利用通用规范. GB 55015—2021 [S]. 中国建筑工业出版社，2021.

[10] 杨景洋、梁思源、彭泽焓、侯正芳、吴晅. 严寒地区空气源热泵供暖运行性能研究 [J]. 制冷与空调，2020，20 (10)：5.

[11] 柴沁虎，马国远. 空气源热泵低温适应性研究的现状及进展 [J]. 能源工程，2002 (5)：7.

[12] 王派，李敏霞，马一太，等. 低环境温度空气源热泵能效标准分析 [J]. 制冷与空调，2018，18 (3)：6.

[13] 张静红，谭洪卫，王亮. 地道风系统的研究现状及进展 [J]. 建筑热能通风空调，2013 (1)：6.

[14] Haruni A，Negnevitsky M，Haque M E，et al. A Novel Operation and Control Strategy for a Standalone Hybrid Renewable Power System [J]. IEEE Transactions on Sustainable Energy，2013，4 (2)：402-413.

[15] 李霞林，郭力，王成山，等. 直流微电网关键技术研究综述 [J]. 中国电机工程学报，2016，36 (1)：2-16.

[16] 张宇涵，杜贵平，雷雁雄，等. 直流微网混合储能系统控制策略现状及展望 [J]. 电力系统保护与控制，2021，49 (3)：177-187.

[17] Xu L，Dong C. Control and Operation of a DC Microgrid With Variable Generation and Energy Storage [J]. IEEE Transactions on Power Delivery，2011，26 (4)：2513-2522.

[18] 孔伟荣，朱武标，姜建国. 双 PWM 控制能量回馈电梯传动系统的设计 [J]. 电气传动，2007，37 (8)：4.

[19] 檀革苗，皇甫艺，张皓. 大型公建能耗实时监测及节能运行管理平台的实践 [J]. 上海节能，2011 (3)：5.

[20] 上海电力设计院有限公司，中国电力企业联合会. 光伏发电站设计规范. GB 50797—2012 [S]. 北京：中国计划出版社，2012.

[21] 张守峰. 设计施工一体化是装配式建筑发展的必然趋势 [J]. 施工技术，2016，45 (16)：5.

[22] 曹嘉明，姚远. 对设计企业开展设计施工一体化总承包 (EPC) 的研究和建议 [J]. 中国勘察设计，2009 (8)：4.

[23] 李临娜. 设计施工一体化模式下建筑设计方法优化研究 [D]. 广州：华南理工大学.

[24] Proceedings，Division of Building Research，National Research Council Canada. Construction Details for Air Tightness. Record DBR Semin. /Wksp. [J]. 1980.

第 5 章　兰州新区中建大厦 1 号办公楼

5.1　工程概况

5.1.1　工程基本情况

兰州新区中建大厦 1 号办公楼建筑面积 2270.01m²，地下 1 层，地上 3 层（局部 4 层），采用框架结构。建筑朝向为正南正北，体形系数为 0.31，东向窗墙面积比为 0.05，西向窗墙面积比为 0.04，北向窗墙面积比为 0.34，南向窗墙面积比为 0.24。完工图如图 5-1 所示。本项目 1 号楼与 2 号楼地下一层连为整体，主要设置办公室、阅览室、会议室、多功能厅、设备用房等功能房间。

图 5-1　兰州新区中建大厦 1 号办公楼工程完工图

项目建筑体形系数和窗墙比布局合理，并采用高性能外围护保温材料和无热桥节点设计、地道风与新风回收系统、高效节能的蒸发冷却系统、低温空气源热泵及太阳能光伏发电系统等措施降低能耗，充分利用可再生能源，以期实现净零能耗建筑的基本约束指标。

5.1.2　净零能耗建筑技术路线

1. 建设目标

该项目为新建办公建筑，拟打造甘肃省首个超低能耗建筑项目，融合建筑、结构、机电、信息化、建筑物理等专业，进行清洁能源与零能耗建筑技术集成体系研究，成为我国西北地区超低能耗建筑发展的标杆，也为甘肃省超低能耗建筑发展做好示范引领。

(1) 提高寒冷气候区高性能净零能耗建筑适宜技术集成应用；

(2) 开发我国西北地区的可再生能源高效利用系统和设备；

(3) 探索行业技术创新发展方向，提高企业市场竞争力。

该项目设计使用人数为280～350人。设计目标为净零能耗建筑。预期实现建筑年综合能耗指标：≤70kWh/(m^2·a)（包括：供暖、供冷和照明，不包括可再生能源）。综合节能率达到60%以上。（以《近零能耗建筑技术标准》GB/T 51350—2019为基准）。1号办公楼计划安装光伏面积260m^2，年均发电量约为6.42万度。

2. 技术方案

该项目工程技术路线如图5-2所示。

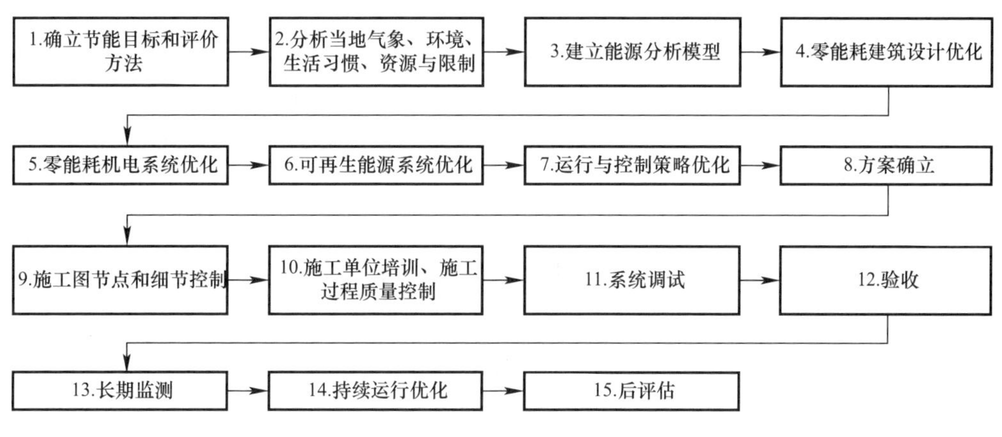

图5-2 工程技术路线

(1) 被动式方案设计

以兰州当地气候适宜为导向，开展建筑保温隔热、自然采光、自然通风被动式建筑技术融合研究，以实现充分采用被动式手段降低建筑供暖和制冷能耗的目标。主要技术内容包括：建筑布局及规划、围护结构高效保温技术、外窗及外门高效节能技术、无热桥技术、气密性技术。根据不同季节室外环境的不同，通风换气次数设定不同。

(2) 主动式方案设计

充分考虑所在地气候条件及自然资源，利用高效照明、高效节能的蒸发冷水机组、板式换热器节能措施、低温空气源热泵节能措施、机械通风热回收、地道风预冷等主动式技术，最大幅度降低建筑终端用能消耗。

示范工程中低温空气源热泵和地道风新风预冷设计时，借鉴“净零能耗建筑暖通空调系统设计优化方法”，明确了低温空气源热泵和地道风新风预冷系统设计时室内关键设计参数及新风处理过程状态点，并验证《严寒、寒冷和夏热冬冷地区净零能耗建筑建造技术导则》T/CABEE 008—2021中技术措施的合理性。

(3) 可再生能源利用技术

基于气候特征及建筑功能，研究适宜的可再生能源利用形式；利用屋顶光伏支架组件、并网逆变器、底层耳房强化屋顶安装集装箱储能电池及逆变系统。光伏发电系统在白天峰值电价时为负载供电，剩余电量储存在蓄电池。储能作用是在市电停电时建立电网使光伏正常并网发电，给本地负荷供电，正常情况下并网（充放电）运行，电网与微网能够实现切换。在创造舒适的室内环境的同时，满足建筑的用能需求，实现净零能耗建筑目标。

3. 主要技术难点和解决途径

该工程主要技术难点有以下两个方面：被动式建筑技术的结合及不同可再生能源形式之间的耦合利用。利用当地太阳能资源，在建筑围护结构保温隔热、无热桥设计之间实现被动式设计的优化。同时将太阳能、空气热能与土壤源蓄冷蓄热结合利用，采用三种可再生能源形式，如何实现两种系统的最优化配置，实现适应兰州地区自然资源的高效利用，是技术难点。

针对上述难点，解决途径如下：

最小化：采用更高保温隔热性能和建筑气密性的围护结构，运用高效新风热回收，最大限度降低建筑供暖供冷需求。整窗传热系数为 0.8W/(m^2·K)，可见光透射比为 0.67，太阳能得热系数 *SHGC* 为 0.45。全年单位面积供暖空调能耗为 19.311kWh/(m^2·a)。

最大化：采用高效冷热源、动力设备、电气设备，最大限度提高建筑用能效率。契合兰州干旱半干旱的气候特点，冷源采用高效的蒸发冷却机组；热源采用低温空气源热泵为地板辐射供暖系统提供热源；设置排风热回收系统。选取管式间接蒸发冷却机组为冷源（放置在屋顶），机组 *COP* 可达 11.5，系统 *COP* 可达 6.25。

可持续：提高建筑能源利用率、提升室内环境质量、提高可再生能源应用比例，提升建筑的可持续性。1、2 号办公楼光伏组件总装机容量 403.13kW，其中 1 号办公楼屋面设置 260m^2 太阳能光伏发电系统；年均发电量约为 6.42 万 kWh，实现建筑的产能要求与目的。

经济性：利用软件工具，优化零能耗方案，寻求经济性与节能性的平衡点，避免节能技术过度化。

5.2 工程设计

5.2.1 被动式设计技术

1. 围护结构

外墙采用新型建筑保温材料，传热系数如表 5-1 所示。

围护结构传热系数 **表 5-1**

构件名称	设计热工参数
屋面	K=0.23W/(m^2·K)
外墙	K=0.21W/(m^2·K)

续表

构件名称	设计热工参数
非供暖房间与供暖房间隔墙	K=0.46W/(m²·K)
非供暖房间与供暖房间楼板	K=0.28W/(m²·K)

高性能保温系统——外墙、地下室顶板、风井采用150mm岩棉保温，屋面采用120mm挤塑板保温，周边地面采用150mm挤塑聚苯板保温，非供暖与供暖房间隔墙采用50mm岩棉保温。

2. 外窗及外门节能技术

项目外窗选用奥润顺达高性能门窗（整窗采用铝包木130系列内开内倒窗），配进口五金，玻璃采用金晶原片5Low-E＋16Ar＋5＋16Ar＋5Low-E全钢化玻璃，Low-E膜为2、5面，空气层16mm填充氩气，玻璃间隔条采用超柔性暖边条，可见光透射比为0.73，太阳的热系数$SHGC$为0.49。整窗传热系数≤0.8W/(m²·K)；建筑南向设置可调节内遮阳。

外门选用奥润顺达130系列外平开铝木复合被动门，传热系数为0.9W/(m²·K)。门斗选用经PHI认证的产品——奥润顺达木索系列THERM＋56，传热系数为0.85W/(m²·K)。

外窗：气密性为8级，水密性为5级，抗风压性为9级。

外门：气密性为8级，水密性为5级，抗风压性为9级。

门斗：气密性为8级，水密性为5级，抗风压性为9级。

3. 无热桥节点设计

该项目无热桥节点设计包括保温层连接部位、外窗与结构墙体连接部位、管道等穿墙或屋面部位以及遮阳装置等需要在外围护结构固定可能导致热桥的部位等。通过保温及节点做法实现该项目无热桥设计。

4. 气密性节点设计

在室内外压差50Pa的作用下，净零能耗建筑的通风换气次数应小于0.6h^{-1}。

5. 自然通风

自然通风是利用自然能源而不依靠空调设备来维持适宜的室内环境的一种方式，也是影响建筑负荷的关键因素。自然通风可以提供大量的室外新鲜空气，合理利用自然通风可以降低建筑空调能耗，而且有利于降低室内污染物及二氧化碳浓度，满足人们接触自然的心理需要。自然通风的作用原理，主要是利用室内外温差所造成的热压或室外风力所造成的风压来实现通风换气。

根据不同季节室外环境温湿度的不同，通风换气次数设定不同。供暖季通风换气次数取0.3h^{-1}，过渡季节通风换气次数取0.5h^{-1}，夏季8：00～18：00通风换气次数取5h^{-1}，其余时段取2h^{-1}，如图5-3所示。

以兰州新区中建大厦1号办公楼一层北面的办公用房为例，可以得到其未开启制冷、供暖设备及新风，仅进行自然通风时全年逐时变化的室内温度变化关系，如图5-4所示。

6. 自然采光

在建筑的围护结构上开设各种形式的洞口，装上各种透光材料，如玻璃、磨砂玻璃等，形成某种采光的形式。按照采光形式可分为侧面采光与顶部采光，其中侧面采光最为常见。侧面采光在室内的墙面上开采光口，在建筑上也称侧窗。侧窗的形式通常是长方形，其特点是：构造简单，光线具有明显的方向性，并具有易开启、防雨、透风、隔热等优点。

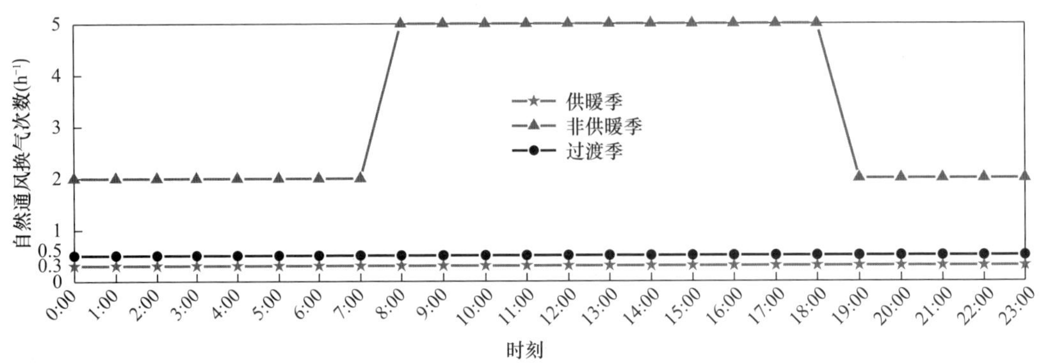

图 5-3 自然通风换气次数

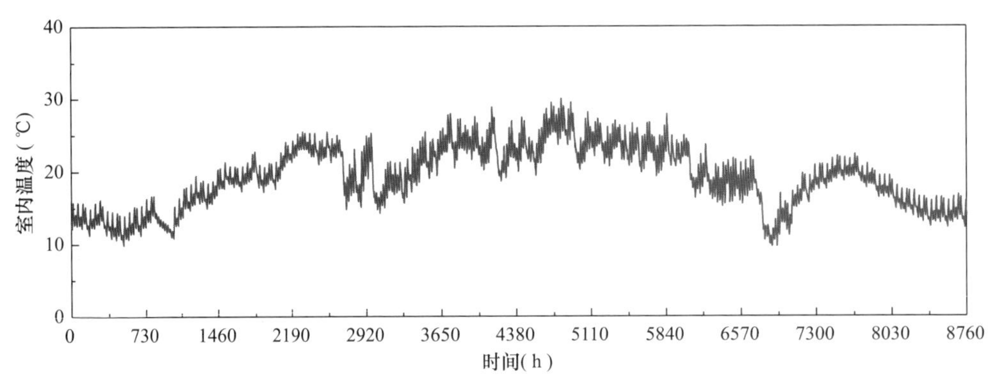

图 5-4 仅进行自然通风时全年逐时室内温度

室内采光口的位置会影响到房间进深方向的采光均匀性。在 1 号办公楼中，一层侧窗置于 1.2m 左右的高度，二层、三层均置于 0.9m 左右的高度。绝大部分外窗尺寸为 1800mm×2000mm 及 1800mm×2100mm，少部分为 5000mm×2000mm，较大的采光面积可提高室内照度的均匀性。采光口的朝向对室内采光状况也有较大的影响。南向与东西向的采光口采光量大，有直射光，照度不太稳定，北向采光口采光量小，但较为稳定。由于 1 号办公楼的朝向为正南正北，大部分窗户的朝向也为正南正北。自然采光结合照明设备，充分满足建筑对光照的需求。对 1 号办公楼进行建筑阴影和建筑采光分析，自然采光模拟图如图 5-5 所示。

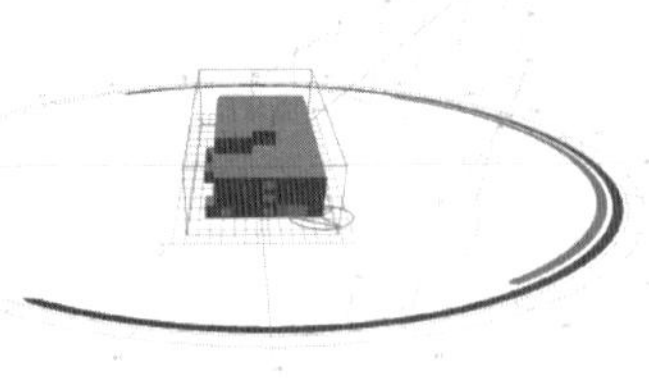

图 5-5 自然采光模拟图

5.2.2　主动式能源系统优化设计技术

1. 照明节能设计

(1) 采用低损耗、高效率节能环保型、噪声不超过环保规定的变压器；

(2) 电梯选用具有节能拖动、节能控制方式的产品，并具备延时自动转为节能运行模式的功能；

(3) 选用高效 LED 光源，主要功能房间照明功率密度设计目标值为：业务用房、会议室、档案室、资料室不高于 6.0W/m²、计算机房不高于 12W/m²，实际设计值均低于目标值；公共走道照明采用自熄控制；部分区域采用 T5 型三基色直管荧光灯、紧凑型荧光灯；

(4) 项目 0.4kV 配电线路工作压降不大于 5%，一般电力干线的最大工作压降不大于 2%，分支线路的最大工作压降不大于 3%。

2. 高效节能的蒸发冷水机组

该工程采用了干空气能间接蒸发冷水机组，充分利用兰州当地气候特点，以干空气能和水蒸发制冷，输出的载冷介质为冷水，冷水温度应低于机组进风的湿球温度，降温极限为机组进风的露点温度，如图 5-6、图 5-7 所示。并且在机组进风和水直接接触进行蒸发冷却过程之前，首先采用逆流表冷器对机组进风进行等湿降温，产生的冷水作为冷源提供给建筑环境中空调或通风系统的空气处理机、室内末端、设备循环用冷却水等使用的一类制冷机组。蒸发水冷机组充分利用干空气能，机组 *COP* 可达 11.5，系统 *COP* 可达 6.25。具有绿色环保、健康安全、节能显著、管理简便和投资经济等优点。

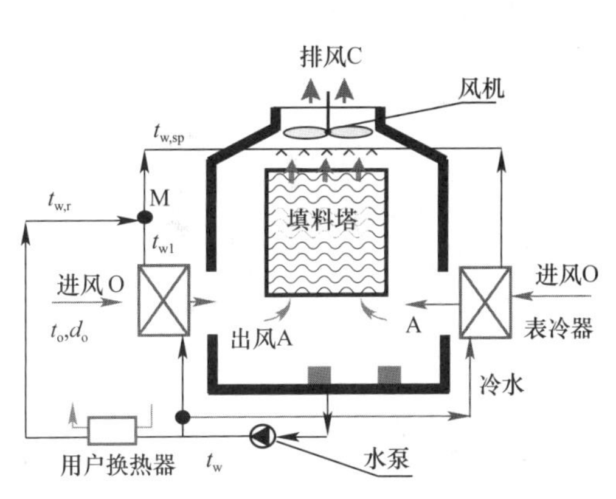

图 5-6　间接蒸发冷水机组原理图

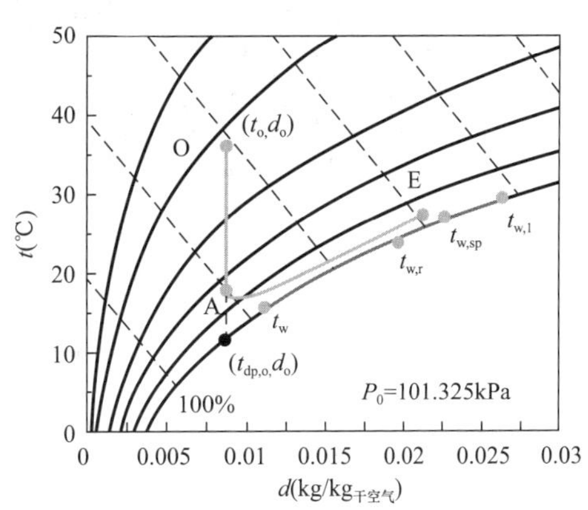

图 5-7　焓湿图表示冷水产生过程

3. 低温空气源热泵节能措施

空气源热泵额定制热量为 142kW，额定制热功率为 39.4kW，额定制热 *COP* 为 3.6，水压降为 40kPa，噪声为 68dB (A)。考虑热泵和循环水泵的耗电功率，空气源热泵制热系统 *COP* 为 2.15。空气源热泵机组如图 5-8、图 5-9 所示。

供水温度低于 45℃时，空气源热泵机组启动，空气源热泵供水温度高于 55℃时，空气源热泵机组关闭。

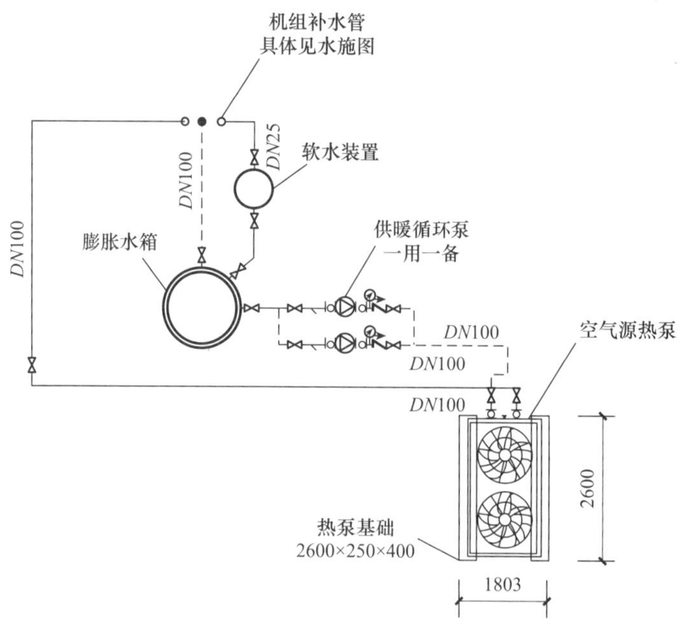

图 5-8　空气源热泵机组示意图

图 5-9　空气源热泵机组图

4. 地道风系统

地道风系统利用储存在土壤中的地热能冷却或加热室外空气（或室内回风），并由机械送风或诱导式通风将处理后的空气送入室内，以改善室内热环境。它相当于一台土壤—空气热交换器，利用地层对自然界的冷、热能量的储存作用来降低建筑物的空调供暖负荷。兰州新区由于土壤特性和光照特性，拥有着良好的地热资源。

项目采用圣戈班集团 Elixair 浅层地热新风系统。Elixair 是一套浅层地热交换系统，新鲜空气通过进风口被吸入特殊球墨铸铁管道并与浅层土壤进行热交换，然后由出风口引入室内。针对中建大厦 4500m^3/h 的新风量需求，项目室外地道风管道均采用 *DN*300 的高纯度球墨铸铁管，管间距均为 600mm，距地下室外墙均为 1500mm，距地面均为 1500mm，均采用直埋敷设。共设有 4 条管线，每条管线长均为 30m。室外地道风管道的布置如图 5-10、图 5-11 所示。

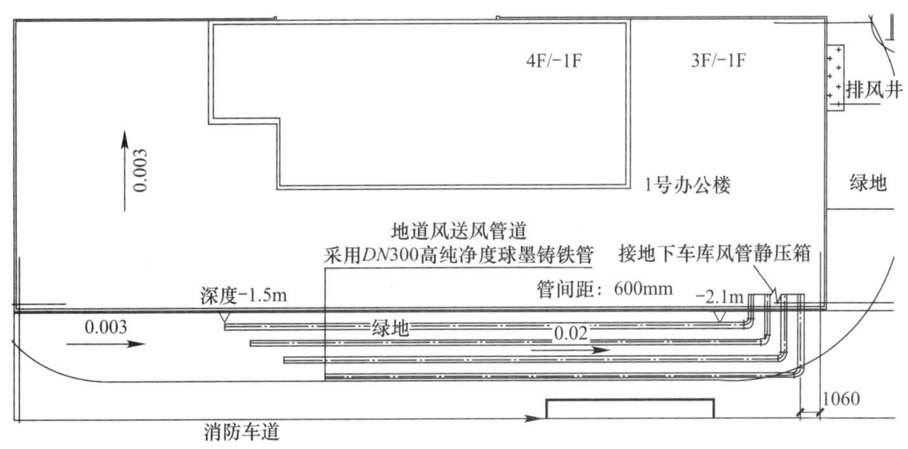

图 5-10　室外地道风埋管布置图

图 5-11　室外地道风埋管施工图

地道的降温效果有一定限度，它取决于当地室外气温与地层温度的差以及地道的换热面积（主要是地道长度）。通过 TRNSYS 软件模拟，根据兰州地区气象历史数据，计算得出使用 Elixair 后热负荷可降低 10.9%，冷负荷可降低 36.8%。冬季空气通过浅层地热系统后最大温升为 7.7℃，夏季最大温降为 10℃。兰州新区中建大厦 1 号办公楼 Elixair 系统出风口温度全年变化如图 5-12 所示。

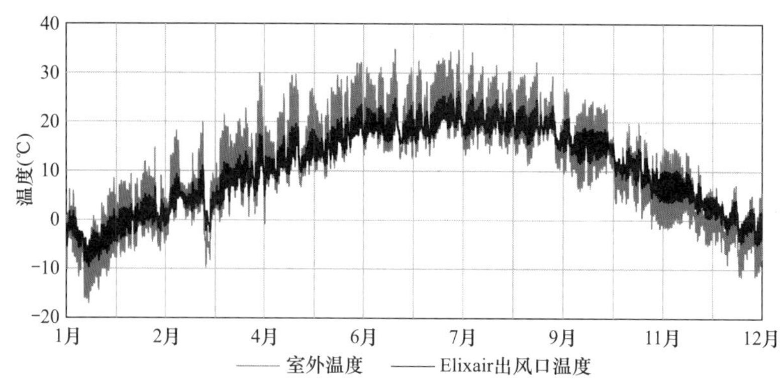

图 5-12 地道风系统出风口温度全年变化

5. 新风热回收系统

采用带高效全热回收的通风系统，利用排风中的能量降低建筑供冷供暖的需求。新风采用专利凝聚技术，有效凝聚超细颗粒物，使 0.3μm 以下的超细颗粒物凝聚效果高达 51%以上，有效提高滤网的滤出效果。还采用专利自洁技术，自动清洁过滤网，无需人工维护，免除更换滤网产生的二次污染及危害减少用户使用成本。全热回收效率 75%，单位风量风机耗功率 0.32W/(m^3 · h)。

全热交换机由送、排风机及全热交换芯、净化主机组成，新鲜空气经净化主机净化进入室内，室内污浊空气由排风机排除室外，从而形成室内与室外空气置换。智能控制，一键开关，可全自动或手动运行，操作方便。

5.2.3 可再生能源利用技术

兰州属于太阳能Ⅲ类光照资源区，太阳能资源丰富，有很好的利用空间。兰州新区中建大厦利用 1 号、2 号办公楼屋顶安装光伏支架组件、并网逆变器，底层耳房强化屋顶安装集装箱储能电池及逆变系统。光伏发电系统在白天峰值电价时为负载供电，剩余电量储存在蓄电池中。储能的作用是在市电停电时建立电网使光伏正常并网发电，给本地负荷供电，正常情况下并网（充放电）运行，电网与微网能够实现切换。

光伏发电系统组件共计 1008 块，采用 375W 单晶组件，总装机 403.13kW；光伏发电系统安装在楼顶，平铺安装光伏支架光伏板。储能系统配置磷酸铁锂电池，采用 3.2V/120Ah 电池，储能系统为 720kWh。2 号办公楼屋顶支架采用平铺，南北方向固定坡梁，东西布置檩条。项目配置 100kW 光伏逆变器 4 台，60kW 逆变器 1 台。

5.2.4 节能技术展示功能设计

1. 电能监测及展示系统

该系统可以展示 1 号办公楼所有用电情况监测，包括建筑总用电、分项用电（照明与插座、空调系统、动力系统、特殊其他系统）、分层用电。安装智能电表可采集到功率、有功电能、电流、电压等参数，同时结合三维模型直观展示建筑用电情况，如图 5-13、图 5-14 所示。

图 5-13　电能监测平台展示图

图 5-14　水力平衡监测平台展示图

2. 空调（暖通）系统监测及展示系统

空调系统中热源为空气源热泵机组，安装于建筑大院内。通过安装智能冷热量仪表或直接通信来采集机组的进水温度、回水温度、进回水流量等数据，同时结合三维模型直观展示建筑空调系统的运行情况，并分析空调系统的使用效率，帮助系统高效、节能运行。

通过在 1 号办公楼公共区域和重要会议室安装温度、湿度、二氧化碳浓度、PM2.5 浓度的智能传感器，采样和分析上述设备的各项参数，同时结合三维模型直观展示建筑室内环境数据，如图 5-15、图 5-16 所示。

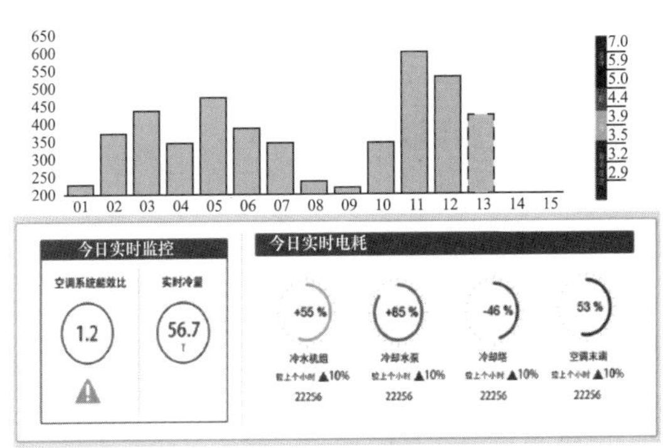

图 5-15　空调系统监测及展示概念图

图 5-16　室内环境监测及展示概念图

5.3　工程运行效果

5.3.1　运行调适情况

1. 新风系统调试概况

冷热源控制要求：

(1) 冷热源设备可实现顺序联锁启停，冷源设备启动顺序：冷却塔风机→冷却水电动阀→冷却水泵→冷水泵→冷水机组，停机顺序相反。

(2) 热源设备启动顺序：热水循环泵→热源（换热器），停机顺序相反。

(3) 根据冷却水供水温度（由设在冷却水供水总管上温度传感器获取）控制冷却塔风

机的频率。

（4）计算空调系统冷、热实际负荷，自动控制供热设备投入数量或提出供冷设备运行数量；同时将冷、热计量值远传到能源分项计量系统。

（5）根据冷水总管流量与供回水总管温差，计算系统实际冷负荷，与冷水机组额定冷量或者根据流量计的流量与冷水泵的流量比较，确定冷水机组的开启台数，以确保各台启动冷水机组均处于70％负荷以上区域运行。

（6）根据空调水系统供、回水总管间的压力差或供回水温差使循环泵变频变流量运行，但通过冷水机组的最小流量不得低于额定流量的70％或厂家要求的最低流量值，且应在供回水总管之间设压差旁通阀；通过测定空调冷水系统的压差与设定供回水之间压差值比较：当测定压差值大于设定压差值则水泵降频以减小流量，当流量计显示流量等于单台冷机的额定流量的70％而测定压差值仍大于设定压差值时，水泵停止降频，开大旁通阀开度，从而在确保设定压差值的前提下维持通过主机的流量不低于额定流量的70％，如测定压差值小于设定压差值，则水泵变频增大流量。

（7）冷热水分别调控。

（8）根据室外温度变化调节供暖二次供水温度，避免建筑物中的过热现象。冷水侧，各系统的不同环路在分、集水器上应均设冷热量计量设备，且设有远传接口。将流量、温差及冷热量数据传输至BA系统。

（9）根据天气和需求情况，自动优化太阳能制冷与电制冷以及蓄冷蓄热系统的运行模式，最大限度地利用太阳能和低谷电进行供冷；最大限度利用太阳能供热。

2. 新风机组控制

（1）新风机与新风阀应设联锁控制，当加热盘管表面温度低于4℃时风机停止运行，此时加热盘管水路两通阀全开，新风阀门关闭，温度回升后机组恢复正常工作。

（2）可自动控制和手动控制新风机启停；当机组处于BA系统控制时，可在上位机控制风机的启停。

（3）新风机组根据送风温度与设定值偏差自动调节空调水阀开度。

（4）送风机运行故障报警。

（5）上位机应能显示新风机组送风温湿度、当日设备运营时间及累计运行时间，送风温度趋势图。

（6）可根据室内CO_2浓度和室内外焓值，自动判断并控制新风机组的热回收装置运行状态和新风风量。

5.3.2 单项技术运行效果分析

1. 地道风系统

地道的降温效果有一定限度，它取决于当地室外气温与地层温度的差以及地道的换热面积（主要是地道长度）。根据兰州地区气象历史数据，初步计算得出供暖需求降低11262kWh，制冷需求降低8182kWh，使用Elixair后热负荷可降低10.9％，冷负荷可降低36.8％。冬季空气通过浅层地热系统后最大温升为7.7℃，夏季最大温降为10℃（表5-2、

表 5-3）。

地道风系统管路分析　　表 5-2

管路名称	最不利环路压损（Pa）
普通 PVC 管道（4 根管）	658.13
Elixair 管道	333.99
Elixair 减少损失率	49.25%

地道风对供能系统的贡献率分析　　表 5-3

季节	地道风提供负荷（kWh）	贡献率
夏季	8182	36.8%
冬季	11262	10.9%

2. 低温空气源热泵系统

空气源热泵系统供暖循环水泵常开，供水温度低于 45℃时，机组启动；供水温度高于 55℃时，机组关闭。通过电子膨胀阀开度、风机开停以及系统压力，可以在无霜时持续制热，霜重时彻底化霜，有效避免了假除霜、出水温度波动等情况发生。考虑热泵和循环水泵的耗电功率，空气源热泵制热系统 *COP* 为 2.15。

3. 太阳能光伏系统

通过对兰州新区中建大厦 1 号办公楼 BA 能源监测平台实际运行数据分析，2021 年 4 月至 2022 年 3 月大厦光伏系统总发电量为 278663kWh，年总用电量为 61958.8kWh。原零能耗设计中建筑能耗综合值为 32.898kWh/(m^2 · a)，供暖期供暖能耗为 17.167kWh/(m^2 · a)。实际运行数据远远优于设计值（表 5-4）。

光伏发电系统的贡献率分析　　表 5-4

发电/用电时间	2021 年 4 月至 2022 年 3 月
总发电量（kWh）	278663
总用电量（kWh）	其中供暖用电 37406.1；动力、照明及电梯用电 24552.7。合计总用电量 61958.8
建筑能耗综合值［kWh/(m^2 · a)］	27.29
供暖期供暖能耗［kWh/(m^2 · a)］	16.48
本体建筑可减少碳排放量（tce/a）	24.7

5.4　工程总结与亮点

工程按照地域适宜性原则，充分研究兰州市的当地自然条件，以建筑能耗目标为导向，采用性能化设计方法进行设计。由控制单项建筑围护结构的最低传热系数转向建筑物整体能耗的控制；由千篇一律的节能技术组合转向适合项目当地气候特点的建筑节能技术体系；由不论节能投资收益的技术展示转向基于全生命期成本的适宜技术优化集成，成为行业内在净零能耗建筑领域的引领示范工程。主要创新点如下：

（1）采用了高效冷热源。契合兰州干旱半干旱的气候特点，夏季冷源采用高效的蒸发冷却机组，并使用地道风对新风进行预冷；冬季热源采用低温空气源热泵为地板辐射供暖系统提供热源，设置排风热回收系统。全年综合节能效果显著。

（2）适宜的光伏发电系统。契合兰州太阳能资源较为丰富的资源条件，该项目扩大太阳能光伏发电系统装机容量，并实现不同建筑之间用能与产能的平衡优化。1号、2号办公楼光伏组件总装机容量403.13kW，其中1号办公楼屋面设置260m^2太阳能光伏发电系统；年均发电量约为6.42万kWh，可达到产能建筑水平。

（3）建立基于BIM的节能技术展示平台。针对净零能耗建筑系统特性和用能特点，建立合理的性能监测平台。除监测及展示传统室内环境、外围护保温、空调（暖通）系统、可再生能源（太阳能系统）外，还可实现近零能耗建筑实际运行数据的量化分析，智能识别用户习惯，为高标准的净零能耗建筑运行能耗监测服务提供支撑。

本章参考文献

[1] 曹森，张建涛，陈先志．“界面—腔体”作为能量核心的被动式超低能耗建筑设计实践——以五方科技馆为例［J］．中外建筑，2019（1）：159-162.

[2] 王远芳．被动式超低能耗建筑设计基础和应用探究［J］．建筑技术开发，2020，47（2）：153-154.

[3] 田琪，丁沫，蒋航军．被动式超低能耗建筑工程设计应用［J］．建筑技艺，2019（10）：100-105.

[4] 宋敏，韩金玲．被动式超低能耗建筑设计与应用研究［J］．绿色环保建材，2019（11）：85.

[5] 熊伟．试析被动式超低能耗建筑设计的基础与实践运用［J］．居舍，2020（14）：87.

[6] 张延国．被动式超低能耗建筑设计与应用［J］．工程技术研究，2019，4（15）：157-158.

[7] 王丽纯．被动式超低能耗建筑设计分析［J］．山西建筑，2019，45（14）：142-143.

[8] 韦干玉．探究被动式超低能耗建筑设计的基础与应用［J］．低碳世界，2018（11）：185-186.

[9] 刘晓林．被动式超低能耗建筑设计理论及工程应用探讨［J］．工程建设与设计，2019（20）：25-26.

[10] 晋晶．被动式超低能耗建筑设计与应用研究［J］．城市住宅，2019，26（6）：69-71.

第 6 章　天津生产基地综合办公楼

6.1　工程概况

6.1.1　工程基本情况

该工程为天普新能源科技（天津）有限公司综合办公楼，是天普新能源科技有限公司投资并建设运营的生产基地之一，位于天津宝坻九园工业区。该园区总用地面积 64996.3m^2，总建筑面积 29003.31m^2，占地面积 27901.46m^2，一期建设 21752.65m^2，开工时间 2018 年 11 月，竣工时间 2021 年 10 月。

该示范工程为园区综合楼部分，占地面积 745.46m^2，建筑面积约 1941.85m^2，整体为 3 层综合办公建筑，一层及部分二层为办公，二层剩余部分及三层一半为宿舍，三层另一半为露台（图 6-1）。

图 6-1　示范建筑效果图

6.1.2　净零能耗建筑技术路线

针对寒冷气候区特点、公共建筑功能需求，以净零能耗为目标，实现以一次能源为衡量单位，示范建筑全年消耗的能源小于或等于可再生能源产生的能源。参考近零能耗建筑技术条件等，通过加强墙体、窗户等保温结构，使之能耗尽量降低；通过太阳能、热泵等低能耗空调供暖及热水供应关键技术的应用，保障建筑不同时期的供能需求；以光伏发电系统发电抵消实际消耗的常规电力能源。同时，实现保证在单位建筑面积增量投资低于200元的前提下，与现有同类建筑能耗相比节约80%以上的最低目标；争取在单位建筑面积增量投资低于300元的前提下，实现近零能耗目标；在单位建筑面积增量投资低于450元的前提下，实现净零能耗目标。通过示范建筑的建设，对北方建筑节能技术进行系统性研究与示范。

6.2 工程设计

根据《近零能耗建筑技术标准》GB/T 51350—2019等标准，选择围护结构材料及厚度、辅助保温隔热建筑结构措施等，通过调整窗户大小等措施进行优化，在保证采光和通风需求的前提下，尽量减小北窗面积。同时，在保证保温隔热、采光、隐私需求及具有夏季防过热措施的前提下，充分利用南向窗户、阳光间、被动式蓄热墙等结构，最大化利用太阳能，降低空调供暖期常规能源需求；合理调整室内房间面积大小、层高高度，在尊重使用习惯需求的前提下，尽量降低房间面积和层高，从布局上注重建筑节能；设计配置必要的主动式能源供应系统，如太阳能热水系统、新风及热回收系统等；选择合适的末端散热和换气装置，保证其工作的可控性、散热和换气的均匀性。对以上内容的相容性和协调性进一步优化设计，达到性能、安全、经济、视觉效果等方面的统一。参考《近零能耗建筑技术标准》GB/T 51350—2019及天津相关地方标准，采用PKPM建筑节能设计分析软件（应用版本：20180821）分别计算建筑办公部分和居住部分能耗，结果如表6-1所示。

能　耗　表　　表6-1

能耗种类	能耗（kWh）	单位面积能耗（kWh/m^2）
供暖能耗	22478.52	12.25
空调能耗	16142.33	8.80
照明能耗	30058.56	16.38
总能耗	68679.41	37.43（小于55）

根据以上设计计算结果及净零能耗建筑的基本要求，拟采用光伏发电作为建筑能耗平衡用能，太阳能集热系统作为生活热水供应，并分别按照建筑总能耗值和宿舍居住用水需求量配置光伏电站和太阳能集热系统规模。

经设计计算，该示范建筑需要配置62300W的光伏组件，可保证25年以上年发电超过68679.41kWh。配置100m^{2}太阳能集热器，可保证冬至日晴天满负荷热水日用量的需求，平时在不满负荷的情况下可满足2～3d阴雨天的热水日用量的需求。冬季产热富余时还可为供暖贡献。

6.2.1 被动式设计技术

建筑节能设计内容：

（1）综合楼外墙材质改为BLP粉煤灰泡沫水泥条板外贴150mm厚岩棉。

（2）综合楼内隔墙材质改为蒸压加气混凝土板。

（3）综合楼外门窗材质改为5mm+12Ar+5mmLow-E(EA)+12Ar+5mmLow-E(EA)。

6.2.2 主动式能源系统优化设计技术

要求风机盘管选型和空气源热泵机组均需达到《近零能耗建筑技术标准》GB/T 51350—2019的要求。

6.2.3 可再生能源利用技术

1. 太阳能建筑应用

光伏需求设计计算：该建筑可再生资源产能需大于总能耗（68679.41kWh），经设计计算，需要配套62.30kW的装机容量、系统效率为0.82的光伏电站，25年平均年发电量68802kWh，方可满足该示范建筑年总能耗68679.41kWh的需求。具体为140块445W的单晶硅电池组件，外形尺寸为2094mm×1038mm×35mm，35°倾角竖向单排安装，前后排间距5.2m，每组实际占地面积为5.2m×1.058m=5.5m^2。即整个系统约占地面积770m^2，按建筑占地面积745.46m^{2}比较，差不多覆盖整个建筑屋顶。所选445W单晶硅电池组件单组重量为23.5kg，则140组总重为3290kg，包括支架重量建筑总负载约为10t。该示范建筑楼梯间西侧屋顶可满足其安装面积要求（图6-2）。

图6-2 示范建筑可再生能源利用图

光热需求设计计算：根据示范建筑内生活用热水点的具体生活热水需求量，设计计算太阳能热水系统的规模。该项目需要配套100m^{2}太阳能集热器，每个全晴天最低产45℃热水6000kg，可满足该示范建筑全年生活热水需求。具体选用24组581825集热器，标称集热面积4m^2，单组外形尺寸为1976mm×2002mm×150mm，45°倾角竖向单排设计，前后排间距4.2m，每组实际占地面积为9.4584m^2。即整个系统约占地面积227m^2。该规格太阳能集热器单组自重68kg、容重84kg，即工作状态总重152kg，则24组总重为3648kg，屋顶单位面积荷载为16kg/m^2，包括支架、管道等总荷载约为25kg/m^2。检验车间屋顶东西向总宽为 9.60m，该集热器单组实际安装宽度为 2.25m，即每排最多安装 4 组，前后安装 6 排，南北向占地尺寸为 4.2m×6m=25.2m。

2. 空气源热泵供暖空调系统

补充冷热源采用空气源热泵，冬季生活热水需求量较低时，太阳能富裕产热为热泵供暖提供一定贡献。

整体太阳能和热泵互补结合实现生活热水、供暖、空调、照明用能 100%可再生能源。

6.3 工程运行效果

6.3.1 运行情况

供暖供水泵和太阳能循环泵均为定频水泵，运行工况稳定，流量稳定，未出现喘振等情况；生活热水供水泵为变频泵，实际运行能够适应末端不同的流量和压力变化需求，所有水泵均为一用一备；所有阀门开闭正常，整个水系统未出现漏水、漏气等情况；空气源热泵运行正常；光伏系统发电正常；自控设备、在线监测系统运行正常，可通过现场电脑屏幕和手机 APP 实时查看系统各部分运行状态。

6.3.2 单项技术运行效果分析

1. 太阳能集热系统

在日均气温为 3.5℃，日总辐射量为 22.65MJ/m^2 的条件下，储热水箱水温可达 62℃，整个太阳能系统集热效率约为 43%，足够供给 5d 的生活热水需求，开启换热循环泵还可通过板式换热器加热供暖供水，降低空气源热泵供暖能耗，有明显的节能效果。

2. 空气源热泵系统

在室外温度为－10℃的情况下依然能稳定供给 45℃的供暖用水，此时 *COP* 为 2.2 左右；整个供暖季实际运行平均 *COP* 为 2.6 左右，最大供热功率达 190kW，满足最不利工况的供暖需求。

6.3.3 综合能耗效果分析

在太阳辐射日得热量为 24.66MJ/m^2 的天气情况下，光伏系统的峰值发电量在 10：40 就达到 45.4kW，当日总发电量达 300kWh；当日整个供暖系统，包括空气源热泵、3 台水泵、室内风机盘管＋新风、设备间控制系统总耗电量不到 250kWh。可见光伏系统的发电量不仅能完全覆盖综合楼的日常运行与供暖用电，而且有富余可以并网。

6.4 工程总结与亮点

通过预算比较，对于示范建筑这种独立小规模建筑采用标准装配式建造方式，增量成本不能满足经济性要求。该项目在达到净零能耗目标的前提下，单位建筑面积增量投资为

347.58 元，低于 450 元的设计指标。

在近零能耗建筑措施的基础上，通过光伏光热技术应用达到了净零能耗设计目标。在日照时间最短日，太阳能集热系统以实测 40.67%的得热效率为建筑提供设计生活热水量需求和供暖补热，集热循环泵和热水供应循环泵用电依靠光伏供电解决。以环境温度为 0℃左右的条件下实测 *COP* 为 2.62 的空气源热泵，保障示范建筑的供暖制冷需求。热泵工作和冷暖供应循环泵用电依靠光伏供电解决。光伏发电系统以实测太阳能辐射转化率计算，年发电 69490kWh，可满足年发电量 68679.41kWh 的设计需求。

第 7 章　北京市未来科学城第二小学办公及宿舍楼项目

7.1　工程概况

7.1.1　工程基本情况

该项目位于昌平区北七家镇岭上路与定泗路交叉路口东南角，未来科学城核心区，属于 R51 中学用地，西侧为岭上路，北侧为定泗路。建筑类型为中学学校建筑，结构形式为多层钢框架装配式结构，总建筑面积 23088.8m^2，其中地上 13865.7m^2，地下 9223.1m^2。使用功能为 18 班中学，超低能耗设计区域为教学综合楼（教学楼、行政楼）和体育馆（图 7-1）。净零能耗建筑示范工程为行政楼（办公＋教工宿舍），其中办公区面积 1833m^2，教工宿舍区面积为 1532m^2；地上 4 层，地下 1 层。

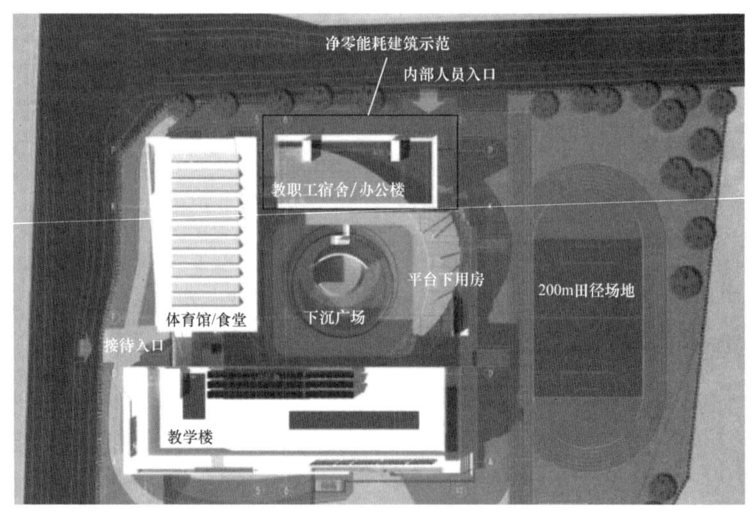

图 7-1　场地平面图

7.1.2　净零能耗建筑技术路线

1. 建设目标

建设目标为净零能耗建筑，能耗设计目标预期实现建筑年综合能耗指标：≤60kWh/(m^2 · a)（包括：供暖、供冷和照明，不包括可再生能源）。综合节能率达到 60%，太阳能光热光伏板安装面积为 220m²，设计年发电量 3.5 万 kWh（以《近零能耗建筑技术标准》GB/T 51350—2019 为参考）。

以实现净零能耗建筑为目标，以北京市未来科学城第二小学办公及宿舍楼项目为载体，以被动式建筑技术、装配式建筑技术、太阳能光伏利用技术、主动式能源利用技术为集成目标，开展系统化集成创新和工程集成示范，并对示范项目的运行效果进行监测和分析。

2. 示范内容

该工程是将钢结构装配式与净零能耗建筑相结合的尝试，实施过程中需配合进行大量的调研、专项技术策划工作，难度较大。示范项目拟通过高性能保温隔热材料和气密性能更高的围护结构，合理利用主动节能技术，充分利用可再生能源，在满足舒适的室内环境前提下，实现净零能耗。

在同一建筑中同时实现净零能耗和装配式，因两者面向点不同，具有一定的难度。主要表现为两者间存在冲突点，净零能耗建筑需要通过提高围护结构热工性能来降低建筑本体能耗，装配式建筑围护结构气密性与热桥处理往往是难点，因此重要节点的施工做法，尤其是细部构造是研究重点。

（1）装配式被动式建筑技术

以北京当地气候适宜为导向，开展装配式被动式建筑技术融合研究，以实现充分采用被动式手段降低建筑供暖和制冷能耗的目标。主要技术内容包括：建筑布局及规划、围护结构高效保温技术、外窗及外门高效节能技术、无热桥技术、气密性技术、关键节点施工技术。

（2）主动式能源利用技术

该示范工程充分利用未来科学城区域能源供应，区域能源站采用燃气蒸汽联合循环冷热电三联供技术，冬季供热采用发电余热经热交换后直接供热；夏季供冷利用余热锅炉尾部烟气余热驱动溴化锂吸收式制冷机组制冷，并串联离心式电制冷机组进行辅助空调供冷。

示范建筑每层设置 1 台高效新风—排风全热回收模块（共 4 台），吊装于各层电梯厅吊顶内；选用高效新风—排风全热回收模块和带全热回收功能的组合式空调机组，全热回收效率 70%，显热回收效率 75%，单位风量风机功耗功率均满足北京市《公共建筑节能设计标准》DB11/687—2015 规定的指标要求。

（3）太阳能光伏与主动式能源利用技术

基于项目所在地气候特征及建筑功能，选择适宜的可再生能源利用形式；基于装配式被动式建筑技术应用的效果以及区域能源现状选用适宜的能源供应系统。示范建筑为行政楼（办公＋教工宿舍），结合建筑功能及布局充分利用太阳能，为项目提供生活热水。

3. 技术路线

净零能耗建筑应从建筑本体的高效保温隔热技术、高效能源利用技术、智能控制技术出发，降低建筑能耗；尽可能加大太阳能光伏的利用，增加建筑产能；当建筑的能耗与产能达到交汇点时，即是示范工程净零能耗目标的实现。示范工程以围护结构高效保温、高气密、高断热性能为重点，通过材料优选，加强细节构造处理，为实现净零能耗目标提供保障。该示范工程实施按照如图 7-2 所示的技术路线图进行。

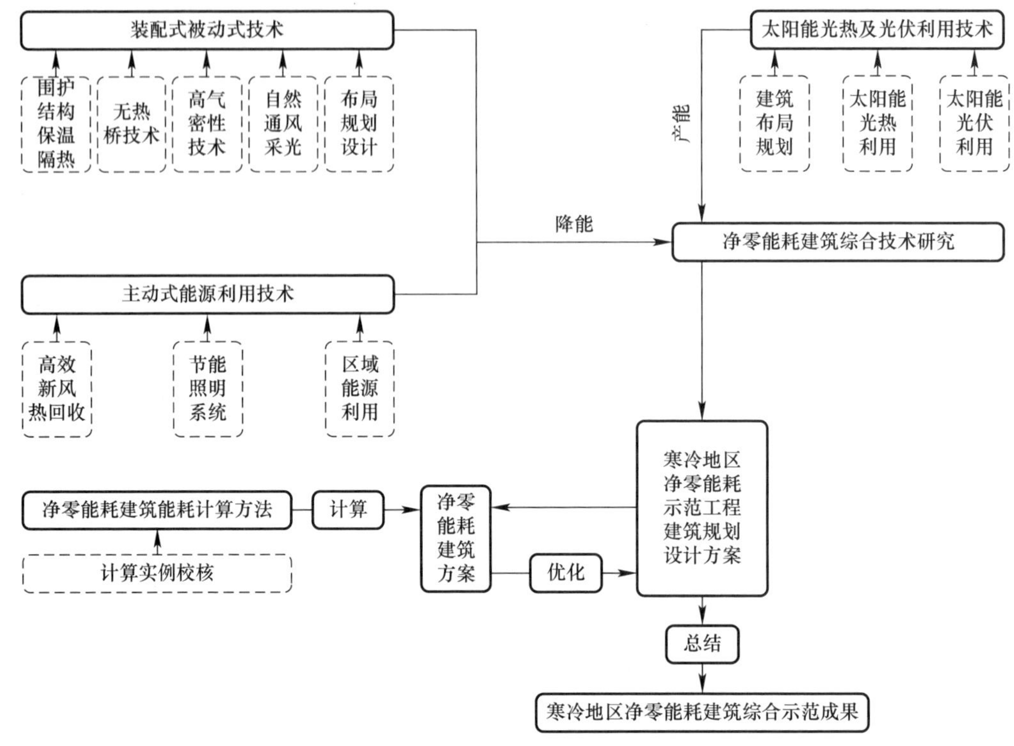

图 7-2　技术路线图

7.2　工程设计

7.2.1　被动式设计技术

1. 围护结构保温

外墙、屋面及地板采用高效保温隔热系统，采用新型建筑保温材料，提升了建筑非透明围护结构的性能。具体做法如下：

（1）外墙：采用 200mmALC 条板＋200mm 厚的岩棉条保温，ALC 条板的导热系数为 0.13W/(m·K)，密度为 550kg/m^3；岩棉条导热系数 λ＝0.048W/(m·K)，密度为 80～100kg/m^3，外墙传热系数 K 值为 0.172W/(m^2·K)。外墙保温做法采用薄抹灰系统，外饰面为涂料。首层外墙：地面以上 500mm 部位，采用 200mmXPS，耐腐蚀，吸水率低，XPS 导热系数 λ＝0.030W/(m·K)，地下空间外墙土壤向下延伸 1000mm：采用 200mmXPS，耐腐蚀，吸水率低，XPS 导热系数 λ＝0.030W/(m·K)，传热系数 K＝0.15W/(m^2·K)。

（2）屋面：采用200mm厚的XPS保温，XPS值导热系数λ=0.030W/(m·K)，屋面传热系数K值为0.149W/(m^2·K)。

（3）与供暖空调空间相邻非供暖空调空间楼板：采用200mm厚的岩棉，岩棉板导热系数λ=0.040W/(m·K)，传热系数K值为0.184W/(m^2·K)。

（4）架空楼板：采用200mm厚的岩棉，岩棉条导热系数λ=0.048W/(m·K)，密度为80～100kg/m^3。架空楼板传热系数K值为0.225W/(m^2·K)。

非透明围护结构热工性能参数如表7-1所示。

非透明围护结构热工性能参数 **表7-1**

围护结构部位	传热系数K [W/(m^2·K)]	保温材料	材料导热系λ [W/(m·K)]	材料厚度（mm）
外墙	0.172	岩棉条	0.048	200
屋面	0.149	XPS	0.030	200
与供暖空调空间相邻非供暖空调空间楼板	0.184	岩棉板	0.040	150
架空楼板	0.225	岩棉条	0.048	200

2. 外窗及外门

（1）外窗：整窗传热系数K=1.0W/(m^2·K)，玻璃太阳能总投射比g≥0.35，玻璃采用充氩气的三玻两腔中空玻璃（5+12Ar+5+12Ar+5），双层Low-E，玻璃传热系数K=0.6W/(m^2·K)；采用玻璃暖边技术，窗框采用PVC窗框，K≤1.3W/(m^2·K)，开启方式采用内开内倒方式。外窗气密性为8级，水密性等级为6级、抗风压性能等级为9级。屋面天窗传热系数K≤1.0W/(m^2·K)。

（2）大楼入口门：入口门采用铝合金型材，三玻两腔充氩气中空低辐射玻璃，外门传热系数K=1.0W/(m^2·K)。

（3）遮阳措施：在教学楼东、西、南侧设置外遮阳，办公楼南侧设置活动外遮阳，夏季$SHGC$≤0.25（图7-3）。

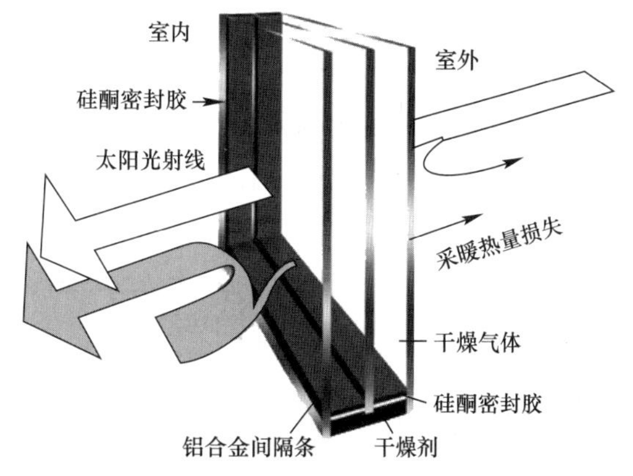

图7-3 外窗隔热遮阳示意图

3. 无热桥技术

主要热桥包括外墙保温、外窗外门、外遮阳、地下室外墙、女儿墙、开敞阳台、穿墙穿屋面管道、屋面天窗、内排水管、穿墙电线等。对热桥部位加强连续保温。采用断热桥的构件等措施最大限度降低热桥。

采用flixo energy70热桥计算软件进行了线性热桥计算和防结露验算，结论是无结露发霉现象，热桥影响极小，具体计算结果如表7-2所示。

热桥（线性）计算结果 **表 7-2**

建筑名称	位置	热桥名称	热桥长度（m）	线性热桥值［W/(m·K)］
办公及宿舍楼	阳角	W—R	—	—
		W—W	54.0	−0.085
	阴角	W—R	42.8	0.028
		W—W	19.0	0.032
	其他	墙角凸出	36.9	−0.093
		阳台	179.1	0.187
		墙脚	114.9	0.03
		内隔墙-地面	162.5	0.052
		女儿墙	176.0	0.023
教学楼和多功能厅	阳角	W—R	113.5	0.023
		W—W	153.8	−0.085
		W-W-斜面	12.3	−0.033
	阴角	W—R	97.5	0.028
		W—W	53.4	0.032
		W-W-斜面	12.3	0.02
	其他	墙脚	302.9	0.03
		内隔墙-地面	373.5	0.052
		女儿墙	322.6	0.023

7.2.2 主动式能源系统优化设计技术

1. 节能照明系统

（1）充分利用自然采光。办公室、教室等规律性使用且人员停留时间较长的主要功能房间尽量布置在南向，会议室等间歇性使用的主要功能房间均布置在北向，充分利用自然采光降低照明能耗。

（2）充分利用高效光源。该工程光源主要采用高效 LED 灯。其中，楼梯间采用声光控 LED 吸顶灯；卫生间采用防潮型 LED 筒灯；地上走廊采用 LED 筒灯；教室、报告厅、设备机房、办公室及同类房间采用 LED 直管灯。根据安装环境选用相适应防护等级的灯具，并采用低眩光格栅灯具（图 7-4）。

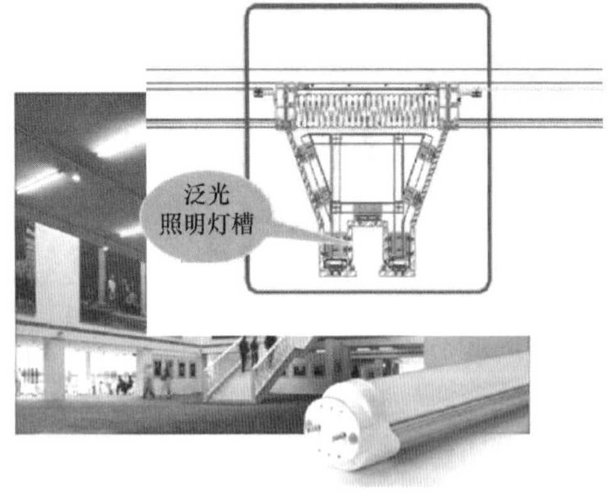

图 7-4　节能照明

（3）其他智能节能措施。为合理降低照明能耗，满足不同时间的不同要求，该工程照明控制方式采取以下措施：教室、宿舍、办公类用房、卫生间等采用照明分区、分路就地设开关控制；楼梯间采用声光控延时控制；教学楼主要走廊通道照明、报告厅正常照明等采用智能灯光控制系统控制（由值班室统一控制）。门厅、阶梯教室等光敏传感器位于内墙上，室外照明光敏传感器位于教学楼外墙上。

照明节能控制：

选型原则：该工程所采用灯具功率因数均要求大于0.9，镇流器能效因数应符合该产品国家能效标准中节能评价值的规定。

主要灯具型号：该工程有人值班的设备机房选用LED直管灯，应急疏散指示灯和安全出口标识灯采用LED光源，其余场所选用采用三基色荧光灯（T5灯管或节能灯）和发光二极管灯。

照明节能控制措施：照明系统采取分区控制、定时控制、照度调节等节能控制措施。

2. 区域能源利用

（1）冷源和热源

未来科学城第二小学地处未来科学城区域能源站覆盖范围内。该区域能源站采用燃气蒸汽联合循环冷热电三联供技术，冬季供热采用发电余热经热交换后直接供热；夏季供冷利用余热锅炉尾部烟气余热驱动溴化锂吸收式制冷机组制冷，并串联离心式电制冷机组进行深冷。其中，离心式电制冷机组选用特灵（TRANE）水冷离心式冷水机组，机组型号CVHG2250，性能系数为6.13，比根据未来科学城第二小学冷负荷单独选用制冷机组性能系数高10%以上。

未来科学城第二小学示范区域内办公、会议、生活服务区等主要功能房间均由区域能源站进行集中供冷供热，并按照冷热量计费收费；消防控制室、安防监控室、网络控制室等有特殊使用要求的电气用房采用分体式冷暖空调夏季供冷、冬季供暖；变配电室采用全年可制冷的分体式空调。

（2）供冷和供热系统

风系统：办公/宿舍楼和教学楼均采用风机盘管加新风系统，室外新风与室内排风经过热交换，通过二级过滤后直接送入室内；多功能厅采用定风量变新风全空气系统，组合式空调机组设置在三层机房。

水系统：采用变流量两管制系统，冬季市政管网经换热站换热后提供60℃/50℃的热水供热，夏季直供7℃/12℃冷水供冷。

节能措施：高效新风—排风全热回收模块和带全热回收功能的组合式空调机组均采用变频风机；水系统采用水泵变频技术，各主要干管、支管设置自力式压差平衡阀，全面控制水力平衡；空调机组供水管上设电动调节阀，根据送回风温度调节供水量；风机盘管设带电动两通阀的室内温度控制器和三速开关控制室温。

3. 高效新风热回收系统

（1）新风量设计标准

办公/宿舍楼设计新风量为5000m^3/h；教学楼设计新风量为46000m^3/h；多功能厅设计新风量为3200m^3/h。

（2）热回收类型及热回收效率

办公/宿舍楼和教学楼采用高效新风—排风全热回收模块；多功能厅采用带全热回收功能的组合式空调机组。其中，办公/宿舍楼每层设置1台高效新风—排风全热回收模块（共4台），布置于各层电梯厅吊顶内；教学楼分区域（共5台）将高效新风—排风全热回收模块分别布置于屋顶；多功能厅将带全热回收功能的组合式空调机组（共 1 台）布置于教学楼三层空调机房。

所选用的高效新风—排风全热回收模块和带全热回收功能的组合式空调机组的全热回收效率均不低于 70%，显热回收效率均不低于 75%，单位风量风机功耗功率均应小于 0.45W/(m^3 · h)。

（3）空气净化装置

高效新风—排风全热回收模块和带全热回收功能的组合式空调机组均设置低阻高效的空气净化装置，采用二级过滤措施（即 G4＋F8），有效减小雾霾天气对室内空气品质的影响。

（4）新风系统节能措施

过渡季节和夏季当室外气温低于室内时，在室外空气质量良好的情况下，不开启新风系统，开启外窗进行自然通风。

过渡季节和夏季当室外气温低于室内时，在室外空气质量不佳的情况下，新风不与排风进行热交换，通过旁通管路直接送入室内，降低建筑负荷。

新风系统均具有变频和自控功能，根据室内 CO_2 浓度进行启停和风量调节。

（5）新风系统降噪措施

机组均进行消声隔振处理，风道和风口设计尽可能降低管道和风口风速，新风出口处和排风入口处设消声装置，风机与风管连接处应采用软连接，进行隔振降噪，保证室内环境噪声要求。

4. 监测与控制

（1）能耗监测

该工程设置能耗监测管理系统，对建筑的冷、热和电进行分类管理。其中，对冷量和热量在热力入口处进行计量，对用电能耗（照明、热水、动力等用电分项能耗）进行分项监测和管理。

（2）能源管理系统

校区能源管理主机设置在后勤服务楼 F 栋首层。该工程在地下一层弱电机房内设置系统接入箱，内设管理分机，本楼所有信号汇总至接入箱处。

能源管理系统通过网络平台将建筑供暖、通风和空调能耗，照明插座能耗等进行分类、分项统计，并以各种报表、图形的方式实现管理数据的“可视化”，找出建筑节能潜力，帮助用户优化使用能源。

系统构架由设备层、通信层、管理层组成。设备层由变电所低压主进回路、出线回路设置电力监控仪表；层照明配电箱、层空调配电箱设置单一电度功能的计量仪表；总供回水管分别设温度传感器、回水管上设冷热计量装置。末端设通信层由工业网络交换机、通信管理机、RS 232/RS 485 工业隔离器、光电隔离器和电源模块等组成。管理层由数据服务器、网络服务器、工作站、液晶显示器、打印机和应急电源等组成。

各种计量装置通过总线与通信管理机相连，通信管理机通过 4 芯单模光缆接入系统网络相关设备。

（3）自动控制

自动控制系统采用集散型直接数字控制系统（DDC系统），设置室内人员感应系统集中调控校区整体空调系统运行。该系统由中央电脑等终端设备加上若干现场控制分站和传感器、执行器等组成。控制系统的软件功能包括：最优化启停、PID控制、时间通道、设备台数控制、动态图形显示、各控制点状态显示、报警及打印、能耗统计等。

风机盘管的控制由室温调节器加风机三速开关及电动两通阀组成，电动两通阀采用双位式常闭型，弹簧复位；风机盘管控制器均接入集中控制系统。空调机组冷水回水管上设动态平衡电动两通调节阀，通过调节表冷器的通水量以控制室温。所有设备均能就地启停。

7.2.3　可再生能源利用技术

1. 太阳能光伏

教学楼屋面光伏发电系统拟安装在支座上，采用光伏安装支架固定，选用发电效率高的单晶硅组件，光伏阵列铺满整个屋面，初步规划做成防水型光伏阵列，初步排布后，可安装光伏组件61×2块，总发电功率为34.2kWp。光伏组件拟采用型号为单晶硅280W，单块组件尺寸为1640×992×40（mm）。北京地区年平均太阳辐射总量如表7-3所示。

北京地区逐月太阳能辐射照度　　　　**表7-3**

月份	1	2	3	4	5	6
太阳能辐射照度（MJ/m^2）	12.536	14.397	16.381	18.158	18.961	18.572
月份	7	8	9	10	11	12
太阳能辐射照度（MJ/m^2）	15.755	15.534	16.138	14.696	11.592	10.440

年平均太阳辐射总量＝Σ(月平均日辐照量×当月天数)＝5570.3MJ/(m^2·a)；

实际发电效率E＝年平均太阳辐射总量×电池总面积×光电转换效率×实际发电效率＝5570.3×198.47×17.5%×0.65＝12574.9MJ＝35211.36kWh＝3.52万kWh。

2. 太阳能光热

该项目采用集中太阳能生活热水系统，全年辅助热源采用超低温型空气源热泵机组，热泵机组设置在地下一层换热站内。

生活热水系统涵盖宿舍公共浴室、卫生间，食堂员工淋浴间、洗消间盥洗槽用水，日耗热量为2302850kJ/d，平均日用水量为12.26m^3/d。热水系统分高、低两个区供水，分区与给水系统相同，其中低区平均日用水量为5.56m^3/d，高区平均日用水量为6.7m^3/d，热水计算温度为60℃。

太阳能集热器面积约185m^2，集热板设置于行政及教工宿舍楼屋顶，采用直接加热方式，储热水箱、容积式换热器设置于地下一层换热站内。

7.2.4　装配式施工过程中的BIM应用技术

高标准、高精度实现了施工过程模拟，施工期间全方位应用BIM技术，高精度建模，对施工全过程进行动态模拟。

利用 BIM 可视化优势，辅助重难点施工方案编制及技术交底的开展，将施工方案可视化，提升技术方案深度，直观地将施工方案呈现在各参建方眼前，使各方快速理解方案意图。

使用 BIM 技术进行项目所需施工措施的构件深化设计工作，形成模型及加工图纸，指导工厂生产，并协调精装和机电单位的深化设计。

围护结构设计时采用了“装配式施工过程中的 BIM 应用技术”，针对工程重难点，项目利用 BIM 技术，搭建 BIM 管理平台，建设单位、设计单位、监理单位、施工单位、分包单位等项目各参建方共同参与、协同高效办公。在项目建设各阶段，项目决策、项目设计管理、施工阶段管理等，在 BIM 实施规划中将 BIM 技术应用点实施策划。项目主要构件采用工厂化生产和现场拼装施工，实现了被动式建筑技术与现代建筑产业一体化设计与应用结合。

1. 全构件组合图纸会审

通过设计深化、图纸会审、碰撞检查、设计优化等，促进设计管控能力的提升，发现并解决图纸存在问题（图 7-5）。

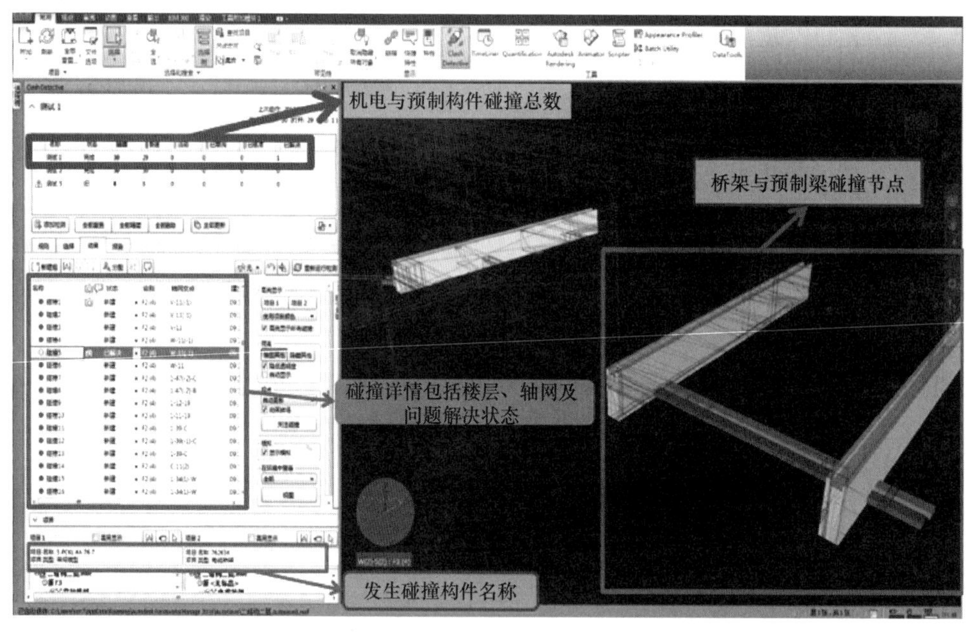

图 7-5　图纸会审

2. 施工方案可视化

利用 BIM 可视化优势，辅助重难点施工方案编制及技术交底的开展，将施工方案可视化，提升技术方案深度，使各方快速理解方案意图（图 7-6）。

3. PC 构件节点深化

通过 BIM 技术将现浇柱与预制梁连接部位钢筋节点深化，并分析钢筋绑扎最优工序，以提高施工效率（图 7-7）。

图 7-6　可视化交底与现场实际搭设情况

4. PC 设计优化

PC 设计优化便于排架搭设、避免花篮牛腿施工复杂、有利于梁底钢筋排布、缩短排架搭设工期以及节约成本（图 7-8）。

图 7-7　构件深化

图 7-8　PC 设计优化示意图

5. 施工现场管理

通过将预制构件吊装工序由“绑扎框架柱钢筋→吊装框架梁→双 T 板”优化为“吊装框架梁→框架柱钢筋”，节省工期的同时降低成本。

7.3　精细化施工

7.3.1　施工难点

该项目主要技术难点主要有以下两个方面：装配式超低能耗建筑对围护结构施工做法要求较高，气密性保障与热桥节点处理是难点。

1. 围护结构气密性保障

零能耗建筑要求高气密性，装配式建筑的围护层难免会存在大量的安装和拼接缝隙；另外，装配式建筑需要一定的弹性或扰度，气密性不会很好。

施工采取确保房屋有包绕整个制冷供暖体积的气密性外围护结构，外围护结构中连续完整的气密层节点的处理，包括气密层和板缝连接处的气密性胶带。优化屋面气密性材料选材方案：采用高品质的1.2mm厚耐碱腐蚀铝箔面层SBS改性沥青防水卷材，隔气效果突出，保证了屋面整体气密性；优化抹灰层施工方案：将墙面抹灰层延伸至楼板30cm宽，以保证抹灰层的连续性。墙面隔气层布粘贴时沿地面、墙面、顶棚向室内延伸30cm，防止外墙板与楼板、内墙和顶棚交接部位漏气。

2. 围护结构热桥隔断

在保证结构安全的前提下，净零能耗建筑要求高断热和高保温性能，装配式建筑围护热桥处理是难点，也是重点。

优化窗安装方案：被动窗安装在结构洞口外侧，保温材料对其进行覆盖；使用防水隔汽和防水透汽材料，防止室外的水和室内的潮湿空气进入门窗与结构之间，并使其能够与外界进行自由的气体交换，保证门窗的抗结露性能；让外墙保温尽可能多的覆盖窗框，以提高门窗框体的保温性能。

ALC板与楼板相交部位节点处理：上下层外墙ALC板与楼板相交处存在冷桥带，该部位采用保温材料进行填充，四周打发泡胶，冷桥带及上下10cm范围内进行薄抗裂砂浆抹灰处理（内嵌玻纤网格布）。

建筑通风竖井保温方案：预制金属风井管，外做橡塑保温层。安装时，从底层开始安装，逐层连接。此方案操作方便，施工安全，保温效果好，在保证通风量的前提下，保温层采用100mm厚橡塑保温板。

7.3.2 专项施工技术

1. 热桥处理

为实现净零能耗目标，门窗采用进口RAICO系统窗，玻璃为Low-E三玻两腔；现场门窗涉及行政楼、教学楼，安装方式为外挂式安装固定，室内粘贴防水隔汽膜/室外防水透汽膜的安装方式密封。

该工程主要热桥包括外墙保温、外窗外门、外遮阳、地下室外墙、女儿墙、开敞阳台、穿墙穿屋面管道、屋面天窗、内排水管、穿墙电线等。施工过程对热桥部位加强连续保温，并采用断热桥的构件等措施最大限度降低热桥。所采取的断热措施如下：

（1）外墙保温系统采用断热桥锚栓。

（2）外窗、外门与外墙齐平安装，外保温覆盖窗框，减小窗框散热。

（3）屋面天窗与基层墙体之间设置保温隔热垫块，并通过断热桥锚栓固定。

（4）外遮阳与主体建筑结构可靠连接，联结件与基层墙体之间设置保温隔热垫片，外遮阳完全包裹在保温层里。

（5）地下室外墙外侧保温层应延伸到地下冻土层以下，或完全包裹住地下结构部分，室外地面以上500mm采用防潮抗压的XPS。

（6）屋面保温层应与外墙的保温层连续，不得出现结构性热桥；当采用多层保温板时，分层错缝铺贴。屋面保温层靠近室外一侧应设置防水层，防水层延续到女儿墙顶部盖板内，使保温层得到可靠防护；屋面结构层上，保温层下设置防水隔汽层。

（7）阳台板与室内楼板断开，中间填充保温材料，实现断热桥。

（8）穿外墙、穿屋面管道设置保温，保温层厚度为60mm。

（9）室内内排水管道做30mm保温，并将管卡放在保温层外面。

（10）屋顶构架出屋面的柱子及架空楼板的柱子，采用保温向柱子延伸1m的做法，减小热桥对能耗的影响，避免此处结露发霉。

（11）窗户外侧的固定遮阳百叶及装饰窗套在埋件和主体结构之间放置隔热垫片，减少直接接触的面积，从而降低热桥，避免结露发霉。

（12）一层活动平台以及走廊等位置，采用自承重结构。在其与主体结构连接处采用隔热垫片，降低其直接接触的面积，非连接处采用保温填充。

（13）架空楼板处的柱子，保温向下延伸1m进行断热桥处理，从而避免节点处结露发霉风险。

（14）室外平台为自承重结构，建筑主体与室外平台之间采用保温进行隔断。

（15）走廊为自承重结构，其与主体之间采用保温隔断。

通过设计优化，尽量减少在外围护结构穿洞，减少气密性薄弱环节；抹灰是天然气密层，采用无断点连续的抹灰，清水屋面板、外墙板内表面、结构楼板、门窗洞口进行无断点的抹灰处理；外门窗与门窗洞口连接处采用耐久性良好的防水隔汽密封系统，窗台板与外保温连接处采用预压膨胀密封带进行收口；边梁、钢柱与ALC板接触位置气密性采用水泥砂浆抹灰，抹灰层与楼板接触部位做倒角处理。

2. 方案设计

在室内加强气密性措施，包括气密层位置、外窗与结构墙体连接部位、孔洞部位密封材料、做法详图及说明等（图7-9、图7-10）。

（1）通过设计优化，尽量减少在外围护结构穿洞，减少气密性薄弱环节。对于穿外墙或穿屋面的管道，室内一侧采用防水隔汽膜，室外一侧采用防水透汽膜。管道与外墙保温交接处有预压膨胀密封带，提高水密性和气密性。

（2）抹灰是天然气密层，采用无断点连续的抹灰。清水屋面板、外墙板内表面、结构楼板、门窗洞口进行无断点的抹灰处理。

（3）外门窗与门窗洞口连接处采用耐久性良好的防水隔汽密封系统。密封系统由防水隔汽膜和防水透汽膜组成，其中防水隔汽膜用于室内一侧，防水透汽膜用于室外一层。防水隔汽膜、防水透汽膜一侧有效地粘贴在门窗框或附框的侧面，另一侧与墙体粘贴。窗台板与外保温连接处采用预压膨胀密封带进行收口。

（4）钢柱和墙板交接处采用抹灰和气密胶带密封。避免在外墙部位设置插座。如不可避免，开在外墙上的插座也要进行气密性处理，插座后面墙体洞口要抹灰。插座中的电缆线孔四周要进行密封。

（5）穿屋面的管道在室内一侧有防水隔汽膜，室外一层有防水交圈，进一步提高了此处的气密性。

（6）电线穿外墙室内一侧有防水隔汽密封圈，室外一侧有防水膨胀密封带和硅酮密封胶。

（7）屋面保温层下方靠近室内一侧铺设防水隔汽层，保温层上方铺设 3mm＋4mm 两层防水卷材，局部加设防水附加层。屋面隔汽层和防水层一直延伸，将女儿墙内侧和顶部保温全部包裹并交圈。女儿墙顶部设置金属压顶板。

（8）边梁、钢柱与 ALC 板接触位置气密性采用水泥砂浆抹灰，为保证质量，抹灰层与楼板接触部位做倒角处理。钢梁与气密层交界处气密加强处理，沿钢梁四周外表面粘贴防水隔汽膜，隔汽膜的另一端黏贴在 ALC 板上，然后再在隔汽膜上做 15mm 抹灰处理。

图 7-9　气密性节点处理

图 7-10　整体气密性施工

7.4　工程运行效果

7.4.1　运行调试情况

在建筑设计时，优化建筑和房间布局，在合理控制冷热负荷的同时，充分发挥风压、热压作用，促进房间自然通风；合理选材：建筑外窗均采用可开启窗扇，其有效通风换气面积达到所在房屋外墙面积的10%以上，保证自然通风条件；科学运行：过渡季节和夏季当室外气温低于室内时，在室外空气质量良好的情况下，开启外窗进行通风换气，并充分利用卫生间等区域设置的机械排风装置，优化气流组织，促进自然补风。优化自然采光：建筑基本上均为幕墙结构，采光效果良好，约有89.0%的空间采光系数大于0.11。办公室、教室等规律性使用且人员停留时间较长的主要功能房间尽量布置在南向，会议室等间歇性使用的主要功能房间均布置在北向，充分利用自然采光，降低照明能耗。

在暖通空调方面，主要是空调水输配系统的运行调节措施。供回水温差或空调水输送系数主要与空调水泵运行控制策略有关，旁通流量主要与旁通流量控制策略有关，空调水路上电动水阀开度大小主要与空调水泵控制策略或冷（热）机组出水温度设定策略有关，因而需要优化相关控制策略。空调水各支管水温与总管水温相差过大时，反映了各并联环路的水力不平衡，因而应对水力平衡进行调节。同时，空调水输配系统运行状态应采取以下运行调节或维护措施：

（1）水输送系数偏小时，宜检查空调水供回水温差、旁通流量占比、阀门开度和支路回水温度均匀性是否满足设计要求；供回水温差偏小时，宜减小空调水流量，并检查旁通流量占比。当各支管水温与总管水温相差过大时，对并联环路的水力平衡进行调节。

（2）水流量不匹配的情况有两种：旁通流量占比过大时，需检查各级水泵控制算法；而水阀开度偏小时，则要减小分集水间压差设定值，或检查各级水泵控制算法，或在不影响室内湿度的前提下提高制冷机组出水温度。

7.4.2 单项技术运行效果分析

该工程选用高效新风—排风全热回收模块和带全热回收功能的组合式空调机组，其全热回收效率不低于70%，空调系统的运行时间为工作日8：00～17：00，通过监测系统逐时动态地计算热回收量。室内设计条件分别如下：夏季温度25℃，相对湿度55%；冬季温度20℃，相对湿度50%。由于室内外温度差直接决定显热回收量的大小，对于相同的热回收装置，室内外温差大时显热回收量也大，反之显热回收量就小，室内外含湿量差对于潜热回收的效果也有相同的影响，故热回收装置在室内外温差十分接近时没有运行的必要。以室内外温差作为判断依据，逐时控制全热回收装置的开启和关闭，全热回收装置在室内外温差大于2℃时开启，小于2℃时关闭。基于各城市典型气象年的逐时室外空气温度，并结合上述全热回收装置的启停依据，即夏季室外温度高于27℃、冬季室外温度低于18℃时全热回收装置运行，同时空调系统仅在8：00～17：00运行，统计出该项目全年全热回收装置运行时间：夏季为661h，冬季为1328h。在供冷工况下，采用全热回收装置的空调系统，空调系统处理单位体积新风消耗17.1MJ的冷量，其中用于消除新风显热负荷和潜热负荷的能量分别为2.7MJ和12.4MJ，额外风机能耗为2MJ；无热回收装置的空调系统则须消耗36.4MJ的冷量，其中消除新风显热和潜热负荷的能量分别为8.9MJ和27.5MJ。由此可知，全热回收装置在夏季工况可以回收21.3MJ的冷量，额外产生2MJ的风机能耗，相比于无热回收装置的空调系统，其节能效率为53%。

7.4.3 综合能耗效果分析

该工程采用分项计量的方式对能耗分楼层、分类型计量，数据上传至能耗综合管理系统，本次分析将收集 2021 年 1 月 1 日～12 月 31 日的所有用电数据，并按冷热源机组能耗、新风机组能耗、末端风盘能耗、照明能耗、办公插座能耗、其他能耗进行数据整理，结果如表 7-4 所示。

由表 7-4 可知，2020 年该工程统计用电总量为 161576kWh，与理论计算的 171240kWh 相差不大。从数据表面看，与初期的目标较为接近。

2020 年全年能耗数据 **表 7-4**

时间	用电统计（kWh）						
	冷热源机组能耗	新风机组能耗	末端风盘能耗	照明能耗	办公插座能耗	其他能耗	小计
1 月	3234	2952	1157	2393	5251	695	15682
2 月	294	269	644	1176	4251	546	7180
3 月	322	294	553	1880	3993	612	7654
4 月	1030	940	585	1958	3727	583	8823
5 月	2168	1979	1612	1964	3344	588	11655
6 月	14276	13033	2112	1867	2290	576	34154
7 月	6056	5529	940	766	1125	249	14665
8 月	7285	6485	1191	950	1063	281	17255
9 月	2998	2669	1039	1338	1316	627	9987
10 月	2728	2428	527	1377	1205	684	8949
11 月	1619	1441	1347	2866	2800	673	10746
12 月	2396	2804	1496	2336	5048	746	14826
合计	44406	40823	13203	20871	35413	6860	161576

根据能耗监测系统数据，得到该项目不含光伏发电的建筑全年耗电量，单位面积能耗为 42.26kWh/(m^2 · a)。

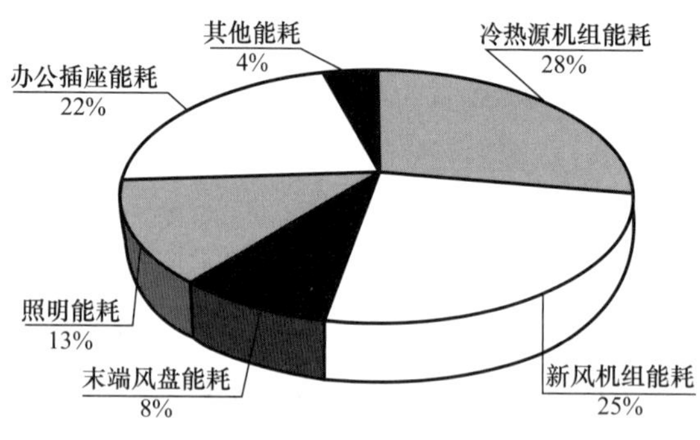

图 7-11　能耗占比图

各类型能耗占比如图 7-11 所示，暖通空调系统（冷热源机组、新风机组和末端风机盘管）的总能耗占比达到 61%，而系统中主机能耗远高于末端能耗，冷热源机组能耗与新风机组能耗相差不大。且暖通空调系统能耗具有明显的季节性，虽然在炎热的 7～8 月，但由于学校暑假，能耗远低于其他月份，而 4 月、5 月、11 月具有较明显的过渡季节特征。除暖通空调系统外，办公插座能耗（反映的是电脑等办公用电设备的能耗）占比为 22%，然后是照明能耗（13%），再次是茶水间、弱电等其他能耗（4%）。除暖通空调系统以外的各类型能耗没有明显的季节变化。

7.5 工程总结

项目实施过程中，按照地域适宜性原则，充分研究当地自然条件，以建筑能耗目标为导向，采用性能化设计方法进行设计，形成的成果如下：

（1）通过性能化设计分析，最终选用了围护结构保温节能技术、外窗及外门节能技术、太阳能光伏技术等。

（2）通过能耗指标的计算和分析，设计建筑能够满足净零能耗的目标。通过设计手段和项目实施，建筑物能耗达到设计指标要求，解决了寒冷气候区净零能耗钢结构建筑的超低能耗需求难点，解决了繁杂的被动节能节点处理和节能等关键技术。

本章参考文献

[1] 中国建筑科学研究院有限公司，河北省建筑科学研究院．近零能耗建筑技术标准．GB/T 51350—2019 [S]．北京：中国建筑工业出版社，2019.

[2] 中国建筑标准设计研究院有限公司．装配式混凝土建筑技术标准．GB/T 51231—2016 [S]．北京：中国建筑工业出版社，2016.

[3] 中国建筑科学研究院．民用建筑热工设计规范．GB 50176—2016 [S]．北京：中国建筑工业出版社，2016.

[4] 苏永波，单贺明，侯纲．被动式超低能耗建筑外墙保温系统施工措施分析 [J]．混凝土与水泥制品，2019 (5)：84-86.

[5] 戴占彪，赵士永，苏木标．被动房外墙外保温系统施工研究 [J]．施工技术，2017，46 (22)：93-96.

[6] 汪天舒．浅析被动式超低能耗建筑热桥处理 [J]．墙材革新与建筑节能，2018 (7)：50-51.

[7] 国爱丽，冯秀艳．我国被动式建筑及配套保温材料发展现状及趋势 [J]．建设科技，2018 (11)：10-13.

[8] 彭梦月．被动式低能耗建筑围护结构关键技术与材料应用 [J]．新型建筑材料，2015，42 (1)：77-82.

[9] 朱传晟．建筑围护结构热桥部位结露原因分析研究 [J]．建筑节能，2008 (12)：6-8.

第8章　北京顺义时光里MOMA项目恐龙3号项目

8.1　工程概况

8.1.1　工程基本情况

项目位于北京市顺义区李桥镇，为居住建筑，建筑及室外平台占地面积203m^2，示范面积105m^2，建筑高度5.24m，室内外高差0.8m（图8-1）。

图8-1　项目实景图

由于该项目由两个钢结构箱体组合而成，组合方式灵活，在现场采用装配式桩基础快速施工，可由场地高差、朝向等因素灵活调整建筑坡屋顶形式。建筑东西朝向，主立面向西，相比于南北朝向，不利于节能，综合以下两方面原因采取东西朝向：一是景观要求主立面朝西，可获得较好的视野及景观；二是建筑造型为双向坡屋面，并且满铺太阳能光伏组件，经计算，由于东西朝向可增加光伏板发电面积和时长，可再生能源发电量能够补充增加的供暖通风空调耗电量，最终选择了东西朝向。建筑为单层建筑，且层高较高，体形系数为0.56。各朝向窗墙面积比见表8-1。

各朝向窗墙面积比　　**表8-1**

朝向	西	北	东	南	屋顶
窗墙面积比（%）	14.85	4.68	1.20	0	2.84

8.1.2　净零能耗建筑技术路线

1. 建设目标

该工程定位于美丽乡村、旅游地产或旅游小镇等项目半永久或永久建筑。以实现净零能耗运行目标；在保证建筑整体能效的前提下可实现 2 次以上整体或拆装再建，拟满足舒适、环境和能源三者的平衡，建筑设计和功能配置都以提升居住者健康愉悦的体验为目的，约束自身能源需求和主动生产能源来降低对自然环境的影响。

以装配式被动式建筑为基础，着眼于适宜老人居住的室内健康环境营造，进行建筑适老化设计的相关研究，将健康建筑理念融入技术体系之中，环保建材的选取、室内空气质量的实时监控、室内污染物的治理、家具的人体工程学因素、节律照明、防跌倒系统等都得到了具体实施，打造了一个绿色健康的示范项目，得到大量实测数据，为国内的适老化建筑设计提供借鉴和参考；与《健康建筑评价标准》T/ASC 02—2021 进行对标和试评，为标准的修订提供数据化的依据。研究所产生的产品体系可在市场广泛推广，推动健康建筑产业的进一步发展。

2. 技术路线

项目设计目标为净零能耗建筑，预期实现建筑年综合能耗指标：≤55kWh/(m^2·a)（包括：供暖、供冷和照明，不包括可再生能源）。光伏板面积 90m^2，设计年发电量 1.8 万 kWh，以《近零能耗建筑技术标准》GB/T 51350—2019 为参考。项目在技术路线中融入了健康建筑、适老化建筑的理念，对相关技术加以实施，打造出了具备特色的净零能耗居住建筑工程。工程实施按照如图 8-2 所示的技术路线图进行。

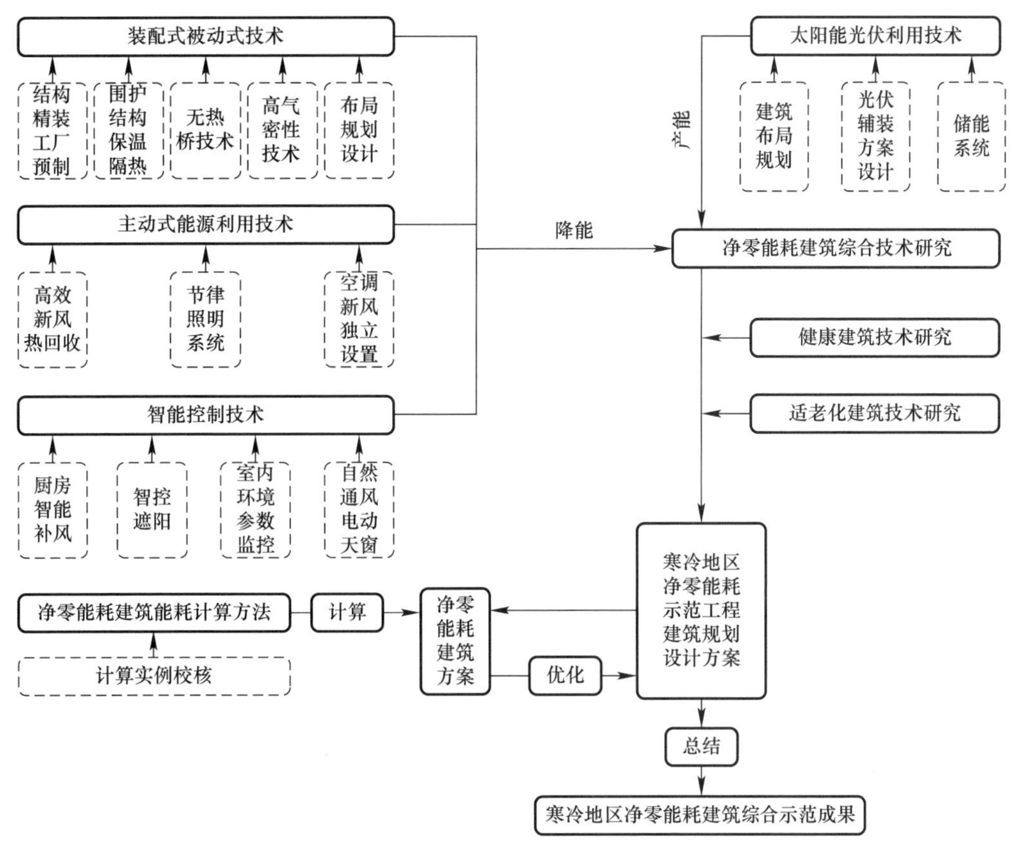

图 8-2　技术路线图

8.2 工程设计

8.2.1 被动式设计技术

1. 围护结构保温隔热

（1）外墙：K=0.13W/(m²·K)。

该项目的结构及部分精装在工厂完成，经由高速公路转运至目的地，由于高速公路出入口限宽及室内净宽的限制，项目首次采用了导热系数超低的VIP真空保温板，采用双层错缝粘接，将墙体的总厚度控制在33cm。

外墙由内至外构造：15mm双层石膏板内饰面＋84mm岩棉隔声/隔热层＋36mm瓦楞钢板＋30mm方钢龙骨＋17mm水泥纤维板基层墙＋双层20mm厚STP板铺贴＋金邦板外饰面。保温材料选用导热系数为0.004W/(m²·K)的STP保温板。

（2）地面：K=0.12W/(m²·K)。

地面由下至上构造：底板＋180mm厚聚氨酯＋100mm厚聚氨酯填缝钢檩条受力层＋2mm防水气密层＋18mm水泥纤维板面层。保温材料选用导热系数为0.024W/(m·K)的聚氨酯，工厂发泡成型。具体做法如下：聚氨酯既是优良的保温材料，其闭孔的构造又可作为防水层使用，从而避免地面外水蒸气向室内渗透；经过发泡的聚氨酯可将底板与水泥纤维板之间的缝隙填满，避免采用板材铺贴时出现通缝的现象；工厂发泡施工，无排板与裁板工序，底板封闭之后即可施工，可大大加快施工速度。

（3）屋面：K=0.13W/(m²·K)。

屋面由上至下构造：光伏板＋角弛型钢板＋120mm厚模塑聚苯板＋(3＋4) SBS防水卷材＋17mm厚水泥纤维板＋140mm厚硬泡聚氨酯（木檩条）＋瓦楞钢板气密层（隔汽层）。具体做法如下：瓦楞钢板与屋面梁满焊作为建筑气密层；水泥纤维板上600mm等间距固定通长的木檩条；木檩条框架内利用聚氨酯发泡；角驰型钢板固定在木檩条上，采用咬口连接，构造防水；利用卡扣将光伏板安装在角弛型复合板上。

（4）外窗：K=0.78W/(m²·K)，$SHGC$=0.474。

外窗采用奥润顺达铝包木130系列被动式节能窗，窗框传热系数K≤0.8W/(m²·K)。

玻璃采用5Low-E＋16Ar＋5＋16Ar＋5Low-E三玻两腔中空玻璃，中空层填充氩气，使用暖边玻璃间隔条，其性能参数如表8-2所示。

玻璃性能参数 **表8-2**

可见光透过率（%）	传热系数W/(m²·K)	太阳能得热系数	遮阳系数SC
73	0.65	0.48	0.55

考虑到玻璃与窗框之间的热桥，整窗K≤1.0W/(m²·K)。铝包木130被动式外开门型材、玻璃配置与外窗相同，整个门K≤1.0W/(m²·K)，天窗采用威卢克斯电动天窗，K≤1.2W/(m²·K)。

（5）入户门采用 passive 78 被动门，传热系数≤0.8W/(m^2·K)。

外窗采用平开内倒的开启方式，门均为外平开门。外窗和外门的气密性指标均达到国家标准 8 级以上。

2. 无热桥技术

该项目主要节点均做了热桥设计，并对关键热桥节点进行了模拟优化。工程由两个钢结构箱体组合而成，模块拼接处的无热桥设计是较大的难点：如果简单地将两个箱体对接，就会产生较大的热桥，气密性也很难保障。通过热工软件计算分析，不断优化，最终方案选择在箱体间设计了 30cm 的缓冲区，拼接处节点由一条长形方钢改为上下两条，中间填充聚氨酯发泡，解决了热桥隔断问题。

3. 高气密性技术

该工程梁柱间利用瓦楞钢板满焊围合，以获取良好的气密性，同时对模块拼接处、穿墙套管、门窗洞口进行了气密性处理。精装面层施工前，对建筑进行了整体气密性测试，正负压 N50 平均值为 0.17，远高于相关标准的要求。

8.2.2　主动式能源系统优化设计技术

1. 空调新风系统独立设置

工程能源系统并未采用传统被动房的新风能源一体机形式，而是独立配置空调系统和新风热回收系统，可以对两个系统独立控制，也可以通过智能平台联动控制。考虑后期离网运行的可能，建筑室内没有采用其他能源形式，生活热水与厨房用能全部由电力供应，通过对最不利工况进行了能耗模拟测算，全年总能耗约为 7200kWh。

建筑冷热源为 1 台空气源热泵，冷媒为制冷剂，将处理的空气通过镀锌钢板风管输送到各个房间，回风口设置在客厅内，集中回风。空调机组和室内机参数如表 8-3、表 8-4 所示。该项目无法接入燃气管网，采用一级能效的电热热水器制备生活热水，其比太阳能热水＋电辅热系统投资低。

风管型空调机组参数　　**表 8-3**

项目	参数
额定制冷量	7200W
制冷功率	2510W，*COP*=2.87
额定制热量	9200W
制热功率	3270W，*COP*=2.81
修正制热量	6010W
制热功率	3270W，*COP*=1.84

空调室内机参数　　**表 8-4**

项目	参数
风量	960m^3/h/840m^3/h/720m^3/h
制冷功率	2510W，*COP*=2.87
噪声	36dB(A)/34dB(A)/32dB(A)
机外静压	50Pa/80Pa

2. 高效新风热回收技术

设计使用人数 3 人，新风标准为 30m^3/(h·人)，设计风量为 90m^3/h；建筑内体积 400m^3，新风换气次数按照 0.5h^{-1}设计，新风量为 200m^3/h；卫生间和淋浴间排风按照 140m^3/h 设计；因此建筑设计新风量取大值 200m^3/h。按照新风机组中档风量选择设备，则新风机组中档风量不低于 200m^3/h，新风设电辅助加热防冻装置，并在新、排风口设保温密闭阀，防止冬季换热器结冰。

全热回收新风机组参数：

风量：250m^3/h/200m^3/h/140m^3/h；

电功率：120W/90W/60W；

输送能耗：0.48Wh/m^3/0.45Wh/m^3/0.43Wh/m^3；

机外静压：120Pa/105Pa/90Pa；

热回收效率：76%/78%/82%（制冷），82%/85%/90%（制热）。

新风系统设粗、中效过滤器，在保证室内空气质量的同时，又不至于增大新风系统阻力，从而减少风机压头，进而降低新风系统输送能耗。高效热回收新风机组与室内 CO_2 浓度监测系统联动，当 CO_2 超标时，自动开启。新风通过波纹管送到各房间，与空调出风共用百叶风口，排风口集中设置在客厅，经过热交换后排出室外。为防止新风被污染，新风口和排风口设置在建筑不同朝向的外墙上。

3. 节能照明技术

设计照明功率密度为 3W/m^2，采用高光效的节能灯具，最大限度减少照明能耗。建筑内所有灯具均可根据室内情景预设自动或者手动调节照度，减少不必要的照明能耗。

房间设置节能控制型总开关；照度可自动调节的空间，调节后的人工照明和天然采光的总照度不低于各采光区域所规定的室内采光照度值。

8.2.3 可再生能源利用技术

经过方案反复比较，最终将建筑定位于总项目 2 期西侧，日照较为充足，经测算可以满足光伏系统发电需求。

建筑造型为双向坡屋面，并且满铺太阳能光伏组件，选用 SHJ 组件，平行屋面铺装，外形尺寸 1645mm×985mm，重量 22.5kg/块，共 56 块，装机容量 17.64kW。

该工程光伏系统面积 90m^2，全年可发电 1.8 万 kWh。白天系统优先对室内设备供电，其余部分对储能系统充电，蓄电池充满后，多出的部分会向电网供电。夜晚当设备用电时，优先使用蓄电池供电，在蓄电池供电不足时，切换至电网的谷价电（图 8-3）。

8.2.4 智能控制技术

1. 自然通风电动天窗

该工程在设计之初就考虑了热压通风与贯穿通风的气流组织方式，可以利用天窗进行过渡季与夏季夜间的自然通风。

厨房和一间卧室设置电动天窗，可与电动外窗、平开内倒外窗组合成不同的开启方式，利用热压增强自然通风效果，从而在过渡季和夏季室外气象条件适宜的情况下，利用自然通风降温，降低暖通空调系统能耗。

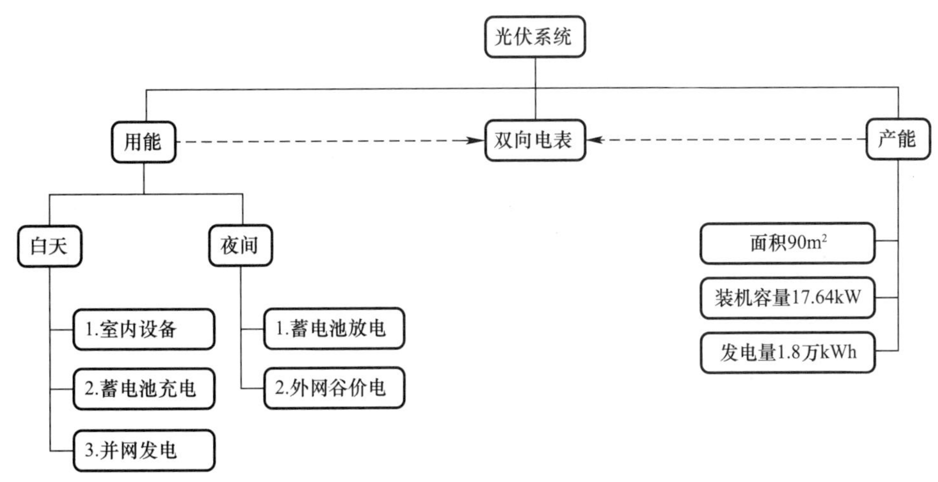

图 8-3　光伏与储能系统用电逻辑

2. 厨房联动补风

在气密性建筑中实现了高气密保障性的排油烟自动补风系统联动。厨房油烟机与电动窗联动，当油烟机开启时，厨房电动窗联动开启，对灶台补风，避免油烟机排风影响新风气流组织。

3. 智控遮阳

该工程的透明围护结构集中在西向和天窗，为降低夏季空调能耗，对西向和天窗设置智能内外遮阳，以调节光照与室内得热，特别是定制化的外遮阳金属卷帘，可以细微地调节光线射入，也可以完全封闭，保护私密与安全（图 8-4）。

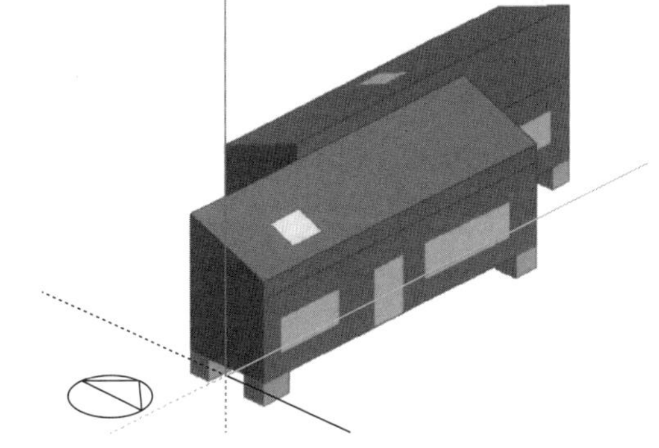

图 8-4　房屋整体模型图

4. 智能监控系统

该工程设计了一套建筑智能化平台，集成了室内环境监测平台、建筑用能管理、节律照明管理等功能，利用智能化平台对电动窗、电动天窗、照明、新风机组、空调机组、遮阳设施、电动窗帘等进行智能控制（图 8-5）。

智能化平台预设回家、离家、就餐、娱乐等情景，实现一键控制建筑内所有电器设备，也可利用手机 APP 远程控制。

智能化平台对建筑能耗进行分项计量，计量项目包括：建筑总电耗、插座电耗、空调和新风机组电耗、照明电耗、生活热水电耗、光伏发电量、光伏对外输出电量、建筑自身消耗光伏发电量等。

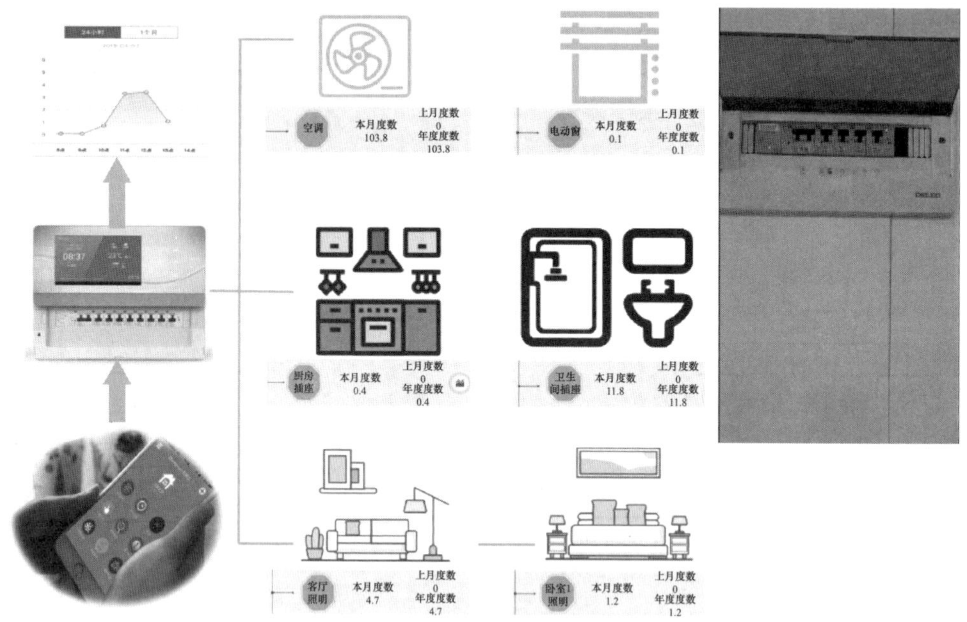

图 8-5 智能监控系统

8.3 工程运行效果

8.3.1 运行调适情况

空调系统、新风热回收以及室内节能照明均已按照设计要求安装完毕，并进行了现场运行调试，测试效果达到了预期目标。由于工程设置了智能化监测平台，设备厂商与研究人员对能源设备的兼容性与稳定性进行了较长时段的调试，现场反馈效果良好。

按照设计要求完成智能化平台的搭建工作，室内环境监测平台、建筑用能管理、节律照明均已完成；电动窗、电动天窗、照明、新风机组、空调机组、遮阳设施、电动窗帘等均已实现智能控制，实施效果良好。

8.3.2 单项技术运行效果分析

1. 新风热回收系统

新风系统设粗、中效过滤器，在保证室内空气质量的同时，又不至于增大新风系统阻力。新风机组与室内 CO_2 浓度监测系统联动，当 CO_2 浓度超标时，自动开启新风机组。新风通过波纹管送到各房间，与空调出风口共用百叶风口，排风口集中设置在客厅，经过热交换后排出室外。经过对室内环境参数监测数据分析，高效新风系统效果显著（图 8-6）。

2. 太阳能光伏发电系统

光伏系统目前已投入使用，能够完全负担建筑所需能耗，效果良好（图 8-7、图 8-8）。

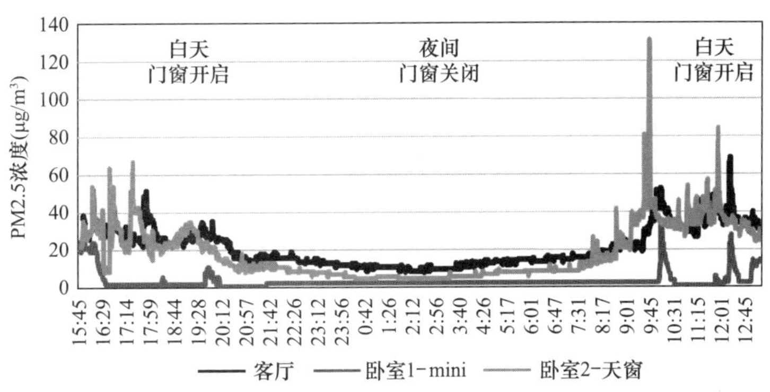

图 8-6　室内空气质量监测数据

图 8-7　太阳能光伏发电系统

图 8-8　储能设备

8.3.3 综合能耗效果分析

采用分项计量的方式对分功能区域分类型进行计量，数据上传至能耗综合管理系统，按照室外照明、空调、插座、电动天窗、新风设备、弱电系统进行数据整理，同时包含太阳能光伏发电量统计。

该工程于 2019 年 4 月交付使用，全屋精装，考虑到室内空气质量对健康的影响，在可全面开窗通风的过渡季有人员入住。能耗监测平台对室内各独立空间（包括卧室、客厅、厨房、卫生间）进行了照明计量。通过优化围护结构和高能效设备，可降低建筑能耗综合值。设计建筑的年供暖能耗量为 21.7kWh/(m^2 • a)，大于标准中供暖年耗热量 15kWh/(m^2 • a) 的规定指标；年供冷能耗量为 11.94kWh/(m^2 • a)，小于标准中供冷年耗冷量 12kWh/(m^2 • a) 的规定指标；建筑能耗综合值为 51.21kWh/(m^2 • a)，小于标准中 55kWh/(m^2 • a) 的规定指标。

项目运营 2 年多来，光伏系统年累计发电量 1.8 万 kWh/a，可满足建筑能源需求和供给之间的平衡，乃至实现产能。

8.4 工程总结与亮点

该项目采用半永久式钢结构体系在工厂预制完成建筑主体，通过高性能围护结构、智能遮阳和自然通风等技术应用，有效降低了建筑能耗；高效新风热回收系统、屋顶设置一体化高效光伏发电系统等技术应用提高了能源利用率。该项目融合了装配式、净零能耗建筑、主动式建筑、健康建筑和适老化科技建筑的产品理念，具有较好的示范引领作用。工程主要创新点如下：

（1）通过钢结构工业化建筑在低能耗和净零能耗中的应用，实现从单纯建筑结构装配化向建筑机电设备、装饰装修等装配化一体化转变。

（2）将围护结构、智能遮阳和自然通风、高效新风热回收系统、屋顶一体化高效光伏发电系统等技术融合在集成建筑中，可促进装配式和工业化建筑的应用和推广。

（3）项目使用了“互联网＋”相关技术，如 BIM＋技术实现方案模拟比选，对工程中涉及的水暖风、声光电进行功能模拟。智慧家居展现了健康建筑和适老化科技建筑理念，各项舒适度指标均达到国内先进水平。

本章参考文献

[1] 王进，李文亮，蒋星宇等. 装配式住宅梁柱搭接方法及热桥被动节能技术研究 [J]. 建筑节能，2017，45 (4)：133-135.

[2] 魏宏毫，王崇杰，管振忠等. 装配式被动房建造关键技术 [J]. 施工技术，2017，46 (16)：35-39.

[3] 陈强，王崇杰，李洁，刘兴民. 寒冷地区被动式超低能耗建筑关键技术研究 [J]. 山东建筑大学学报，2016，31 (1)：19-26.

[4] 高英，杨添. 被动式超低能耗高性能门窗幕墙的应用 [J]. 建筑技术，2021，52 (4)：505-508.

[5] 郑亮，陈以乐. 被动式建筑技术在澳门的发展与应用策略研究 [J]. 智能建筑与智慧城市，2022 (5)：122-125.

[6] 吴迪，张新炜，付孟泽. 寒冷地区被动式超低能耗建筑设计辅助能耗目标值研究 [J]. 工业建筑，2021，51 (10)：81-86.

[7] 杨小威，吴自敏，楚洪亮等. 某钢结构装配式被动式超低能耗建筑项目反思 [J]. 建筑节能（中英文），2022，50 (1)：31-35.

[8] 张嘉琦，彭婷婷. 被动式超低能耗建筑关键技术分析 [J]. 建筑技术，2021，52 (S1)：41-45.

[9] Coyled. An investigation into the cost optimality of the passive house retrofit standard for Irish dwellings using life cycle cost analysis [J]. Sdar Journal of sustainable Design & Applied Research，2016，4 (1)：6-14.

第9章 苏州望亭新建PC构件项目3号综合楼

9.1 工程概况

9.1.1 工程基本情况

苏州城亿绿建科技股份有限公司望亭PC构件厂，位于苏州相城区望亭镇，总用地面积79967.93m^2，厂区内包括生产区和辅助区，该项目为辅助区3号综合楼，为创新示范楼，建筑功能为办公，总建筑面积9063.02m^2，地下1层，地下建筑面积3179.52m^2，地上4层，地上建筑面积5883.5m^2，地下一层为机动车库，地上一层为展厅，地上二～四层为办公（图9-1）。

图9-1 工程实景图

9.1.2 净零能耗建筑技术路线

该工程定位为企业现有科技创新成果的“阅兵场”与未来科技创新的“试验田”，其建设目标之一是打造健康、舒适和高效的使用空间，与园区整体环境形成和谐共生的有机整体，为使用者提供优良室内空气环境、光环境、声环境、热环境，达到绿色建筑三星级要求，并采用创新性技术措施，在全寿命周期内最大限度降低能耗，在运营期间实现净零能耗的装配式建筑。综合考虑苏州地区气候特点、项目建筑特点、项目所在地PC构件厂资源条件、办公建筑能耗特点等因素，该项目采用下列技术路线：

首先，通过被动式建筑设计和技术手段，合理优化建筑布局、朝向、体形系数和功能布局，充分利用建筑自然通风、自然采光、建筑保温、遮阳和隔热措施，最大幅度降低建筑终端用能需求，通过被动式手段将建筑综合节能率提高至20%。其次，通过主动技术措施最大幅度提高能源设备和系统效率，并结合智能控制技术，最大幅度降低建筑终端能耗。最后，充分利用场地内可再生能源，并通过可再生能源系统优化设计和控制技术，降低对常规电源峰值的需求，以年为周期实现电力输入和输出的平衡，实现零能耗建筑的建设目标。

该项目技术路径如图9-2所示。

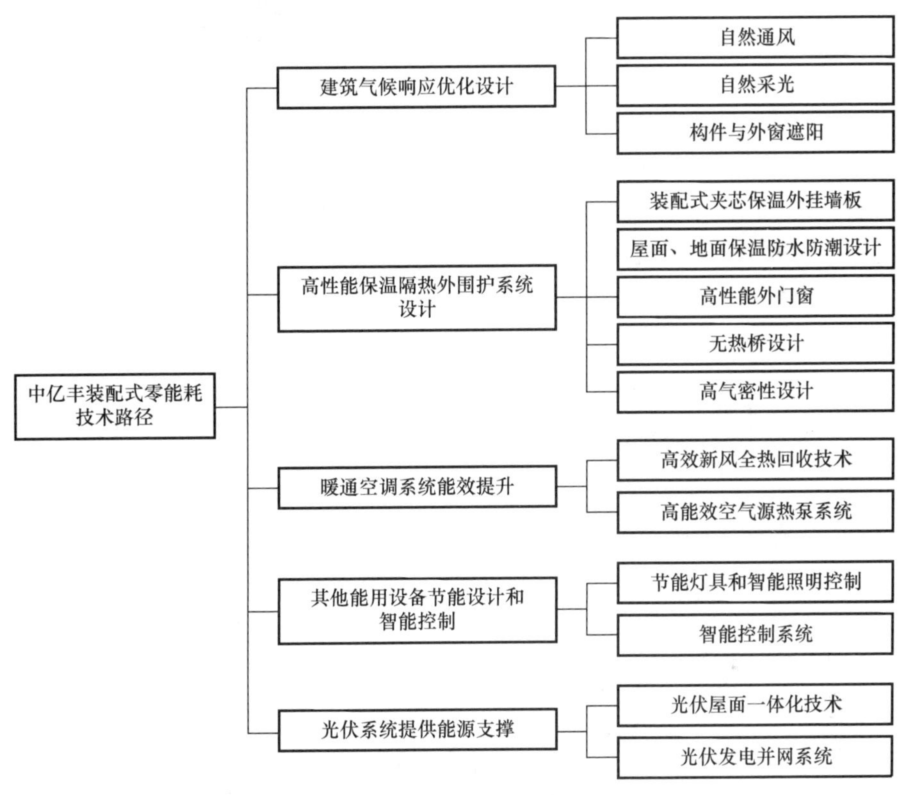

图9-2 技术路径

9.2 工程设计

9.2.1 被动式设计技术

1. 自然采光和遮阳设计

中庭和屋顶两侧采用智能采光天窗，根据冬夏季室内外光环境智能开闭遮阳/遮光帘，实现夏季遮阳，降低空调能耗；冬季保温，利用日间得热降低供暖能耗，减少人工照明的使用，最终改善室内舒适度及健康性能。同时，通过引入大量自然光线，增强空间感受与体验，营造随时空变化的光与影，营造室内独特节奏和韵律（图9-3）。

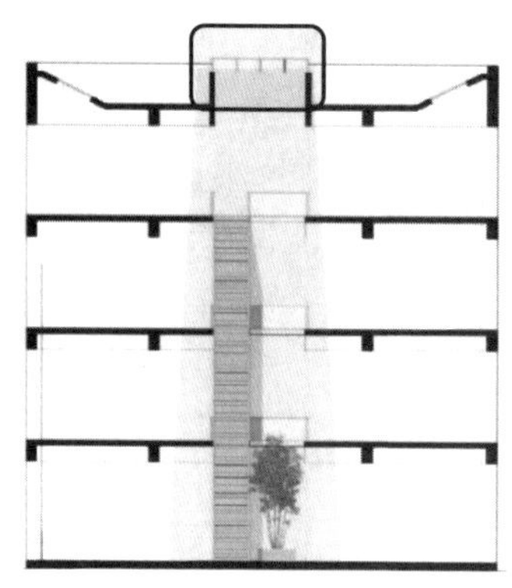

图 9-3 天窗采光及遮阳示意

2. 自然通风设计

四层通高的共享空间、可自动开启的中庭天窗及侧窗，共同作用让使用空间获得了舒适的自然通风环境，能快速地将楼层内的废气排到中庭，形成负压通风，中庭如同建筑的肺一样，给办公楼不断提供新鲜洁净的空气（图 9-4、图 9-5）。

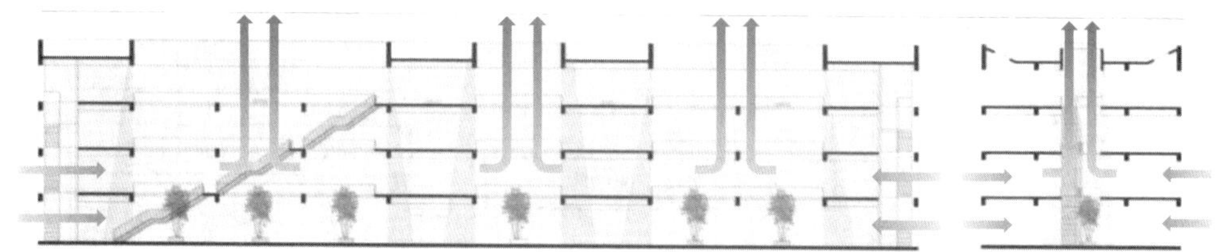

图 9-4 中庭天窗及侧窗开启示意

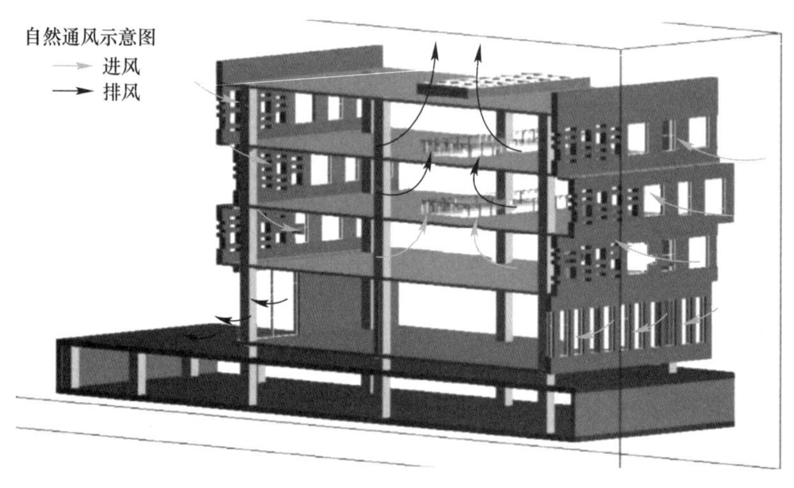

图 9-5 中庭促进通风示意图

3. 全装配式预应力组合结构体系

该项目采用了与东南大学合作开发的快速装配式组合结构体系，综合运用了预应力、空心楼板、预制叠合、钢管混凝土等技术，集成了各自优势，形成了完整的建筑结构体系

（图9-6、图9-7）。该结构体系具有抗震性能好、大跨高效、高度工厂化预制生产、成本可控、安装方便及快速施工的特点。

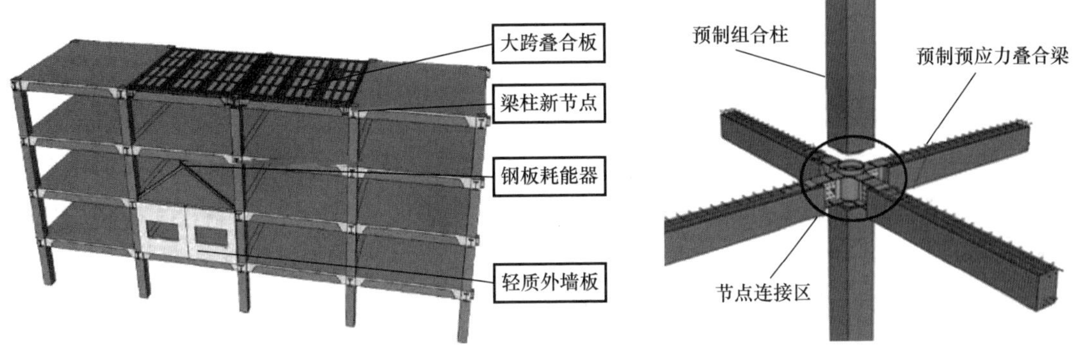

图9-6 结构体系

图9-7 结构体系节点

4. 高效保温隔热非透明外围护结构

苏州位于夏热冬冷地区，该地区以夏季隔热为主，兼顾保温。根据性能化设计模型的设计、当地气候特征和行为习惯、装配式构件技术水平，确定各部位热工性能要求，如表9-1所示。

项目各部位传热系数要求及与当地节能要求对比 表9-1

部位	平均传热系数K值［W/(m²·K)］	
	零能耗建筑	节能建筑
外墙	0.40	0.8
屋面	0.35	0.5
供暖与非供暖隔墙	1.50	—
地下室顶板	0.70	—
挑空楼板	0.40	0.7
外窗	1.80 冬季 *SHGC*≥0.40，夏季 *SHGC*≤0.15	2.6 东南西向 *SHGC*≤0.44，北向 *SHGC*≤0.48

该项目一层南北两侧采用装配式混凝土夹心保温外挂墙板，东西两侧采用钢龙骨外挂墙板，二～四层采用木龙骨外挂墙板。

外墙采用装配式混凝土夹芯保温外挂墙板，其可实现结构保温装饰一体化设计和施工，装配一体化程度高。墙板内叶板100mm，外叶板60mm，保温层视位置有一定的变化；如北侧外墙，为凸显造型，假窗区域采用50mmXPS保温板，其他区域为100mm保温板；南侧外墙采用80mm保温板。保温板窗户周边采用混凝土封边，其他区域不封边。考虑到墙板板缝之间采用无热桥设计，夹心保温墙板的连接件采用FRP连接件，一层南北两侧采用装配式夹心保温外墙板的区域平均传热系数可以达到0.4W/(m²·K)的目标。两种轻钢龙骨外墙板平均传热系数分别为0.382W/(m²·K)、0.396W/(m²·K)。

木结构墙体采用木材SPF Ⅱ级制造，墙骨柱均为38×140@406，与混凝土接触的底梁板采用防腐处理木材。与同等性能的外保温混凝土外墙板相比，生产木制框架墙体能够使二氧化碳排放量减少约40%。其木框架中的固碳量几乎是替代品的4倍。木材是优良的隔热材料，其热阻值是钢材的400倍，是混凝土或砖的10倍。木材十分轻巧，在运输过程中消耗的能源也少，施工速度快，极少使用重型设备。木龙骨墙板采用140mm岩棉作为保温材料，与钢龙骨墙板相比，热桥明显降低，保温层厚度相同，即木龙骨墙板可以满足传热系数为0.4W/(m^2·K)的要求。二～四层综合木材用量141m^3，减少二氧化碳排放量155.1t，同时存储二氧化碳126.9t。

屋面传热系数为0.3W/(m^2·K)，屋面结构层采用叠合屋面板，屋面采用保温防水一体化设计，保温材料采用100mmXPS，保温层与女儿墙保温层连续。保温层靠近室内侧设置防水隔汽层、靠近室外侧设置防水透气层。地面传热系数为0.85W/(m^2·K)，保温材料采用35mmXPS，保温层上侧设置防水隔汽层，下侧设置防水透气层。

5. 高性能外窗

苏州位于夏热冬冷地区，建筑节能以降低夏季空调能耗为主，同时兼顾减少冬季供暖能耗。该地区夏季太阳辐照强度大，冬季室外温度相对较高，室内外温差小。因此，对于透明围护结构热工性能要求中，以减少日照得热为主，以降低通过外窗的传热为辅。所以要求透明围护结构具有较低的太阳能得热系数，而传热系数可以适当放宽。

该项目透明围护结构有外门窗和天窗，建筑各朝向窗墙面积比如表9-2所示，建筑西向窗墙面积比较低，利于夏季节能。屋面天窗面积占比约7%，低于标准的约束值，符合节能设计要求。

各朝向窗墙面积比 **表9-2**

朝向	外墙面积（m^2）	外门面积（m^2）	外窗面积（m^2）	窗墙面积比
东	285.00	3.60	115.50	0.29
南	794.88	0.00	378.60	0.32
西	331.20	3.60	69.30	0.17
北	842.14	0.00	331.34	0.28
屋面	1471.26	0	95.84	0.07

为减少夏季太阳得热，东、南、西向外窗宜设置遮阳设施，一层外窗可采用种植乔木等绿植进行遮阳，二～四层采用活动外遮阳，以减少夏季空调能耗，同时起到调节室内光线的作用。天窗设置电动遮阳卷帘或者电动遮阳百叶，可通过手动或者自动控制调节遮阳帘遮光效果，实现调节入射太阳光总量的目的。同时，天窗能够电动开启，以利于过渡季自然通风降温。

综合考虑经济性，透明围护结构的热工性能如表9-3所示。

透明围护结构传热系数［单位：W/(m^2·K)］ **表9-3**

外窗	1.80	冬季≥0.4 夏季≤0.15
透明外门		
天窗		

其中，太阳能得热系数为整个透明围护结构的综合值，包含由于窗框、遮阳等措施进

行的 *SHGC* 折减。该项目外窗窗框型材采用穿条式隔热段热桥铝合金型材，配置德国泰诺风隔热条，以及德国 ROTO 五金配件，平开开启扇最大承重达 70kg，上旋开启扇最大承重达 130kg。

6. 无热桥设计

该项目建筑体形规整，结构性热桥部位较少，且位于夏热冬冷地区，室内外温差较小，建筑围护结构热桥导致的传热在建筑总能耗中所占比例较低，从经济角度考虑，热桥处理遵循保温连续、防结露及防热桥的原则。典型热桥处理如下：

（1）对于一层预制夹心保温墙板，墙板保温层与外挑楼板保温层连续；

（2）墙板竖向板缝之间保证保温层连续，并考虑其防水性能、防火性能及耐候性能；

（3）光伏组件支架基础利用保温材料包裹，并与屋面保温层连续，支架和基础之间加装塑料隔热垫块；

（4）天窗基础完全利用保温材料包裹，与屋面保温层连续不中断，并且压天窗窗框 2～3cm，保证保温层在天窗位置不中断。

（5）门窗基本保证与保温层连续；

根据《民用建筑热工设计规范》GB 50176—2016 的规定，当冬季室外计算温度低于 0.9℃时，需要进行外围护结构内表面结露验算，并要求在建筑最不利工况室内外温度条件下，确保外围护结构墙体内表面温度高于室内空气露点温度（一般内表面高于露点温度 3℃以上为宜），以防止构件热桥部位出现结露现象。

7. 气密性设计

根据《近零能耗建筑技术标准》GB/T 51350—2019 的规定，对于夏热冬冷地区的公共建筑的气密性不做要求。为控制空调季和供暖季的能耗，将气密性指标仍定为 $N50 \leqslant 1.0h^{-1}$，通过采取必要措施满足要求。气密层设置于外围护结构室内侧，包含二～四层所有展示及办公空间，形成一个整体，保证最终项目气密性指标能够达到 $N50 \leqslant 1.0h^{-1}$。建筑气密区如图 9-8 灰色部分所示，气密区与外围护的边界即为气密层位置。

图 9-8　建筑气密区范围

通过以下技术措施，保证建筑的气密性能（图 9-9）：

（1）外墙板全部考虑气密性，包括墙板本身及板缝节点；

（2）外门窗、天窗采用高气密性等级的产品，气密性能不低于《建筑外门窗气密、水密、抗风压性能检测方法》GB/T 7106—2019 所规定的 8 级；

(3) 穿气密层外墙和屋面的管道通过预留套管和利用气密膜进行气密性封堵；

(4) 穿透气密层的电气线缆，采用预埋套管敷设，并进行气密性封堵，不利用桥架穿透气密层；

(5) 外门窗、天窗与墙体和屋面洞口的缝隙，利用气密性膜封堵；

(6) 各层排烟管道进入排烟风井的洞口采用符合防火要求的不燃材料进行气密性封堵。

图 9-9　建筑内典型节点的气密性处理措施

9.2.2　主动式能源系统优化设计技术

暖通空调系统采用风冷热泵式多联机空调机组+全热回收新风系统，实现冬季供暖和夏季制冷。该空调系统承担建筑全部冷、热、湿负荷，新风机组通过全热回收装置降低新风处理能耗，气流组织形式为上送上回，多联机系统的全年运行能源效率等级(APF)不低于4.5，新风机组的全热回收效率符合相关标准要求。每层设置一台吊顶式新风机组，在人员主要活动区的办公室、会议室等均匀送风，通过共享空间的过流通道，在机组附近设置排风口集中排风。主要功能房间设置室内环境质量监测系统，实现对室内温湿度、二氧化碳、PM2.5 等指标的监测，并与新风系统联动，具备参数限值设定及超限报警功能。

该项目所采用灯具功率因数均要求大于 0.9，大面积照明场所灯具效率不低于 75%，照明控制采用分区控制、红外感应控制、定时控制、光感控制等节能控制措施；电梯采用有变频调速拖动方式或能量再生回馈技术；风机、水泵根据荷载的不同种类、性能、工作情况采取相应的启动、调速、定时等节电控制措施。

9.2.3　可再生能源利用技术

根据能耗模拟，建筑能耗可再生能源需求为 33 万 kWh/a。综合考虑该项目可安装区域及本地区太阳能资源情况，核算出该项目安装容量至少为 360kW，光伏组件采用高效单晶组件，安装区域选用部分办公楼屋顶及部分钢结构厂房屋顶。光伏组件共计 976 块，装机容量 390.4kW，组件保证可靠接地。组件布置图如图 9-10 所示。

办楼屋面排布单晶硅光伏组件 304 块，单块组件功率 400W，安装倾角 20°，总装机容量 121.6kW。生产车间屋顶共计排布单晶硅光伏组件 672 块，单块组件功率 400W，安装倾角同屋顶坡度，总装机容量 268.8kW。

图 9-10　混凝土屋顶光伏组件安装

9.2.4　能耗监测系统

设置分类、分项能耗监测系统，对分类和分项能耗数据实时采集，并实时上传至上一级数据中心。计量装置具有数据通信功能。按照区域/楼层，对照明插座，室外泛光照明，水泵、风机、电梯等动力用电进行分项计量。能耗监测系统计量表计的精度不低于 1.0 级，电流互感器的精度不低于 0.5 级。

9.3　精细化施工

9.3.1　设计施工一体化模式

该项目采用 EPC 工程总承包建设模式，即从事工程总承包的承包人受发包人委托，按照合同约定对工程建设项目的设计、采购、施工、试运行、竣工验收及专项验收、检测、竣工备案等实行全过程承包。

9.3.2　专项施工技术

1. 楼板支撑体系

梁柱接头处采用 15mm 模板，梁侧背楞采用 50mm×80mm 木方，梁底采用 50mm×80mm 木方+48mm×2.75mm 钢管支撑，梁底立杆为 $\Phi48\times3.2$ 盘扣架。

叠合板支撑架采用独立塔式支撑替代传统满堂式支撑模式，选用双 C 钢作为叠合板主龙骨，盘扣架采用标准型立杆，立杆间距 1.5m×1.5m，塔架之间间距为 1.5m。

2. 吊装机械安置

（1）汽车吊抵达现场后，支腿完全打开，进行支撑。

（2）根据预制构件重量和现场地基情况，对汽车吊支腿下地基承载力进行验算。当承载力不满足验算时，可以在支腿下铺设路轨箱，如图 9-11 所示。

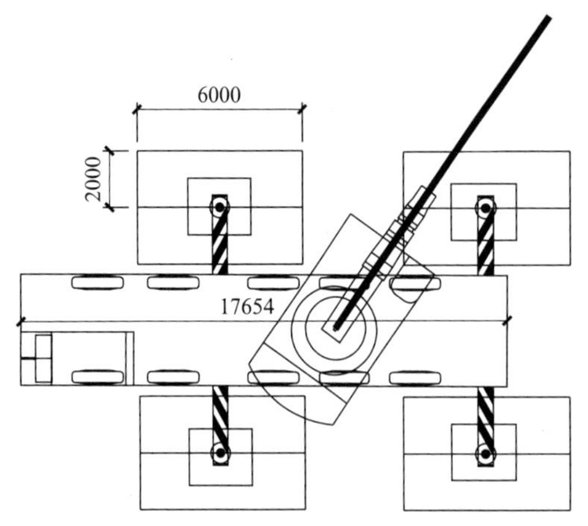

图 9-11　汽车吊支腿下铺设路轨箱图

该工程最重预制构件为预制外墙板，重量为 7.47t，汽车吊支腿下地基承载力按照该构件进行验算。支腿对下部地基最大荷载为 36.52t，但现场地基承载力最大为 10t，不满足承载要求，需要铺设路轨箱。

在每个支腿下部垫 2m×6m×2m 散力路轨箱，则路轨箱对地基荷载为 30.43kPa，小于综合楼南侧基坑回填土地基承载力 50kPa 和原有混凝土道路 100kPa，满足吊装要求。

3. 预制构件施工工艺

（1）工艺流程

二层楼面施工流程：楼面弹线→水平标高测量→预制柱吊装→预制梁吊装→外挂墙板吊装→墙板根部压力注浆→排架搭设→叠合板吊装→其他楼面模板安装→边梁外侧岩棉和墙板定保温板安装→楼面钢筋绑扎→混凝土浇筑。

三层、四层、屋面层楼面施工流程：楼面弹线→水平标高测量→二层、三层预制柱吊装→三层预制梁吊装→三层楼面排架搭设→三层叠合板吊装→三层楼面钢筋绑扎→三层楼面混凝土浇筑→四层楼面排架搭设→四层叠合板吊装→四层楼面钢筋绑扎→四层楼面混凝土浇筑→二层、三层楼面排架拆除，四层钢柱和屋面钢梁吊装→二层外墙板吊装→屋面混凝土浇筑完成→四层楼面排架拆除→三层、四层外墙板吊装。

（2）预制构件吊装

预制构件应按照施工方案吊装顺序提前编号，吊装时应按编号顺序起吊。

每班作业时宜先试吊一次，检查吊具与起重设备，每次起吊脱离堆放点时应予以适当停顿，确认起吊作业安全可靠后方可继续提升。

在构件起吊、移动、就位的过程中，信号工、司索工、起重机械司机应协调一致，保持通信畅通，信号不明不得吊运和安装。

预制构件在吊装过程中，宜于构件两端绑扎牵引绳，并应由操作人员控制构件的平衡和稳定，不得偏斜、摇摆和扭转。

平卧堆放的竖向构件在起吊扶直过程中的受力状态宜经过验算复核：在起吊扶直过程中，应正确使用不同功能的预设吊点，并按设计要求和操作规定进行吊点的转换，避免吊点损坏。

采用行走式起重设备吊装时，应确保吊装安全距离，监控支承地基变化情况和吊具的受力情况。

吊装作业时，非作业人员严禁进入吊装警戒区，在起吊的预制构件坠落半径范围内严禁人员停留或通过。

夜间不宜进行吊装作业，大雨天、雾天、大雪天及六级以上大风天等恶劣天气应停止构件吊装作业。

1）预制柱、预制梁

综合楼一～三层柱为预制柱，二～四层梁为预制梁，预制柱与预制梁采用栓焊方式进行连接。预制柱采用在柱两侧焊接吊装用的耳板作为吊点。

该工程预制柱最重为4.87t，长度8.4m，采用150t汽车吊（支腿全伸、45t配重）两点起吊，钢丝绳与柱夹角为60°。预制柱吊装采用钢丝绳和卡环进行吊装（图9-12）。

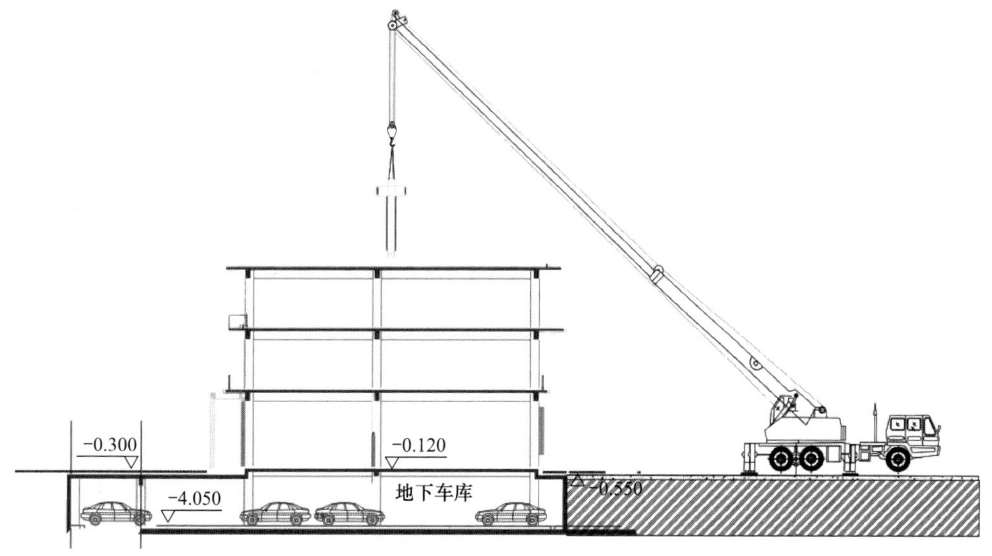

图9-12　预制柱吊装图

预制柱吊装的脱钩条件：该工程预制柱采用双夹板与螺栓与下层预制柱连接（图9-13）。当预制柱采用夹板与螺栓固定连接后，钢丝绳可进行松钩。

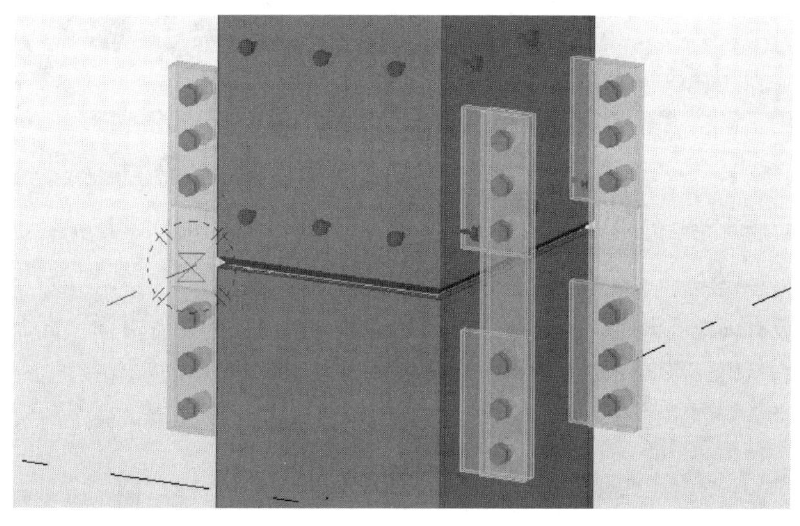

图9-13　预制柱连接方式

该工程预制梁通过高强螺栓与预制柱连接拼装成吊装单元，最重为 6.245t，预制梁最长约 8.865m，采用一台 150t 汽车起重机（支腿全伸、45t 配重）两点起吊，吊点位置为梁端两侧往内 1.895m，钢丝绳与预制梁夹角为 60°。预制梁吊装采用钢丝绳和卡环进行吊装。

预制梁吊装的脱钩条件：预制柱与预制梁采用双夹板＋高强螺栓连接（图 9-14）。预制梁安装到位后，夹板与高强螺栓进行定位连接。高强螺栓全部到位并拧紧后，钢丝绳可松钩。

2）预制外墙板

该工程预制混凝土夹心保温外挂墙板和预制轻钢复合混凝土外挂墙板通过插筋和盲孔注浆拼装成吊装单元，预制木龙骨组合外挂墙板通过预埋件和螺栓拼装成吊装单元。预制外墙板最重约 7.47t，最长约 4.79m，采用一台 150t 汽车起重机 6 点或 4 点起吊。预制外墙吊装采用钢丝绳、吊装钢梁和卡环进行吊装（图 9-15）。

预制外墙板吊装的脱钩条件：预制墙板位置、垂直度和标高调整完成后，墙板上部通过预埋件和承重挂件与预制梁进行连接后，钢丝绳可进行松钩。

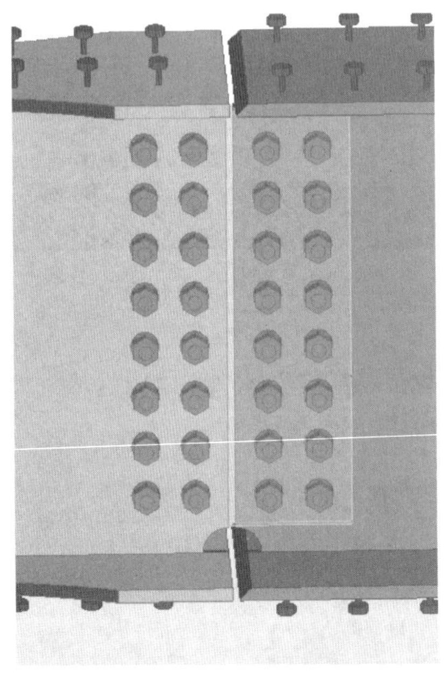

图 9-14　预制梁与预制柱连接方式

图 9-15　预制外墙板吊装

3）叠合板吊装

当叠合板有预留孔洞时，吊装前先查清其位置，明确板的搁置方向。同时检查、排除钢筋等就位的障碍。吊装时应按预留吊环位置，采取 12 个吊环同步起吊的方式。起吊时，应使叠合板对准所划定的叠合板位置线，按设计搁置长度慢降到位，稳定落实（图 9-16～图 9-18）。

先粗放，后精调，充分利用和发挥垂直吊运工效，缩短吊装工期。要注意对连接件的固定与检查，脱钩前叠合板和支撑体系必须连接稳固、可靠。

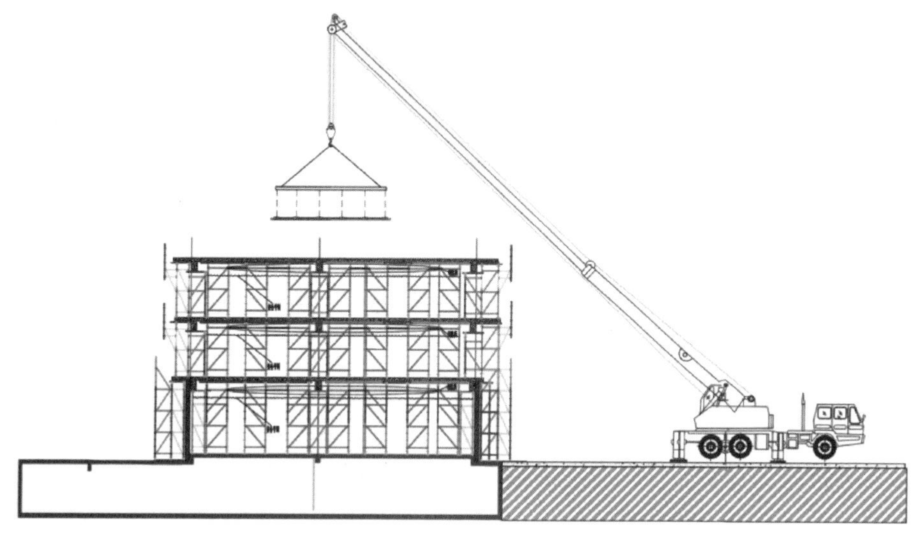

图 9-16　综合楼预制叠合板吊装示意图

图 9-17　叠合板起吊

图 9-18　叠合板安装

拼缝防漏浆措施：该工程叠合板采用密拼工艺，叠合板之间的拼缝宽度为 1cm。为防止混凝土浇筑时产生漏浆，在叠合板吊装完成后，现浇层钢筋绑扎前，用砂浆在叠合板拼缝上表面批一遍（图 9-19）。

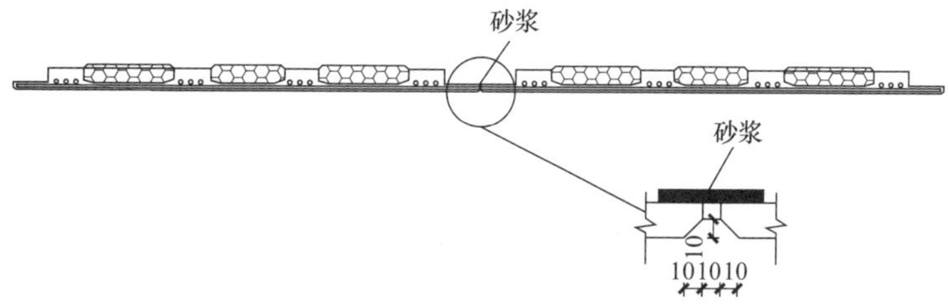

图 9-19　叠合板拼缝防漏措施

4）汽车吊防碰臂措施

a. 吊车司机要熟知和遵守本行业的规范和操作规程，要进行岗位责任的学习、培训，具有良好的职业素质和岗位责任心。

b. 吊车司机、司索工要持证上岗，身体健康。工作时间不得喝酒，嬉戏打闹，在工作岗位上要集中精力。

c. 吊车司机不得疲劳作业，每台吊每班不少于 2 个司机轮流上吊作业。劳逸结合，优质高效完成工作。

d. 吊装之前对吊车司机、司索工进行技术安全交底，并提前熟悉现场环境。正式吊装时管理人员要加强现场安全管控，先将吊臂升至满足使用要求的高度再转向建筑物。

4. 水平安全防护

预制构件吊装的总体原则是在楼面混凝土浇筑完成后，由远至近，以每个单元平面端头第一块起始点按水平连接顺序依次吊装，吊装完成后流水进行加固作业。

楼面排架搭设完成后，在排架上部铺设镀锌钢跳板，供叠合板吊装人员站立使用，并在镀锌钢跳板下方设置一道水平安全防护网（图 9-20、图 9-21）。

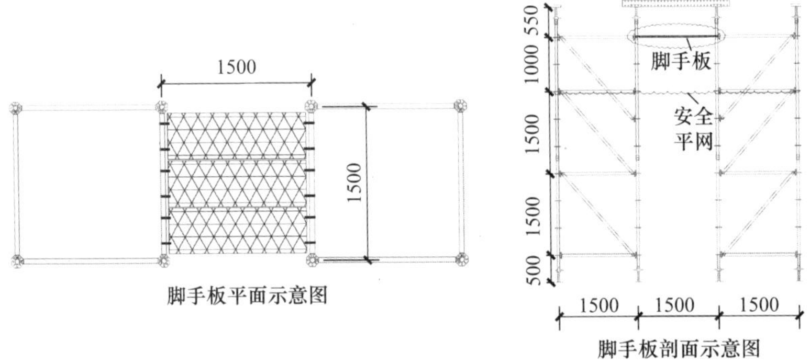

图 9-20　水平防护示意图

图 9-21　镀锌钢跳板

5. 临边安全防护

综合楼临边防护采用盘扣架配合斜杆悬挑 900mm 做临边防护，如图 9-22 所示。

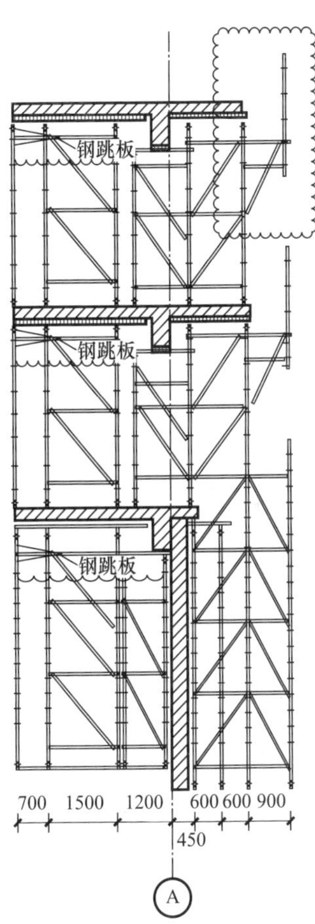

图 9-22　临边防护

9.4　工程运行效果

9.4.1　运行调试情况

1. 通风与空调系统

(1) 空调机及管道内清理干净;

(2) 空调机与风管连接处柔性管连接严密、无扭曲;

(3) 检查管道系统上阀门，按设计要求确定其状态;

(4) 启动时检查机器运行，各部位无异常现象;

(5) 空调机试运转无异常振动和声响，连续试运转时间为 2h;

(6) 空调机启闭灵活、可靠，信号输出正确。

2. 太阳能光伏系统

经试运行，所有项目符合《可再生能源建筑应用工程评价标准》GB/T 50801—2013 中的技术要求。光电转换效率为 14.5%，光伏系统年发电量为 112865.5kWh。

9.4.2 单项技术运行效果分析

1. 自然采光和遮阳设计

通过设置采光中庭和合理布置各向外窗，同时部分外窗采用可调节外遮阳百叶，结合室内照度监测联动系统，最大限度利用自然采光，为运行期间节约了照明能耗。经过计算机模拟分析，办公空间、会议空间等主要功能空间，动态自然采光可满足采光要求的时数为 8.9h/d，基本可以覆盖正常工作时段需求，其面积约占需照明总面积的 54%；其余内区面积仍需人工照明补充。结合全年照明能耗预估，本项技术运行期间约可节约能耗 35937kWh/a。

2. 自然通风设计

天窗和可开启外窗的合理设计不仅可充分利用自然采光，也可在过渡季节合理利用自然风，以减少通风设备能耗。项目所在地为苏州，结合当地气候条件，运行期间全年约可有 2 个月仅依靠开窗通风即可满足室内热湿环境要求。结合全年通风设备能耗预估，本项技术运行期间约可节约能耗 1165kWh/a。

3. 高效保温隔热外围护结构及高效空调系统

该项目在减少冷热负荷上，采用了加厚外墙保温层、大量采用隔热性能好的木龙骨外墙、热桥优化设计、气密性优化设计和三玻两腔高性能外窗等保温技术；在减少空调用电量方面，选择了 *IPLV* 超过 8、*APF* 超过 4.3 的高效多联机组，同时配合采用了全热回收效率超 65%的热回收模块，达到了在现行节能标准的基础上，再节能 52%的优异性能。本项技术预计可节能 111698kWh/a。

4. 照明优化设计

在减少照明用能方面，主要通过选用高光效灯具、控制照明功率密度、智能联动照度传感器和灯具开关等技术，在保障工作照明需求的前提下，尽可能降低用能。结合全年照明设备能耗预估，本项技术运行期间约可节约能耗 65356kWh/a。

5. 可再生能源利用技术

该项目可再生能源选择的是光伏发电技术。采用发电自用、余电上网模式，运行期间预计光伏系统每年可产生 41 万 kWh 电力。

9.4.3 综合能耗效果分析

通过被动式建筑设计和技术手段，合理优化建筑方案，充分利用建筑自然通风、自然采光、采用建筑高性能保温结构和电动遮阳隔热措施，并通过精细化施工落实无热桥设计及整体气密层连续，最大幅度地降低建筑终端用能需求；通过主动技术措施进一步提高能源设备和系统效率，并结合智能控制技术，降低建筑终端能耗。建筑全年运行能耗约为 34 万kWh，单位面积能耗仅为 37.5kWh/m^2，处于同类建筑较低水平。

在此基础上，充分利用场地内可再生能源布置光伏系统，并通过可再生能源系统优化设计和控制技术，降低对常规电源峰值的需求，全年可再生能源发电量可达 41 万 kWh。以年为周期可以实现电力输入和输出的平衡，实现零能耗低碳建筑的建设目标。

9.5 工程总结与亮点

该项目在总体平面布局时，结合了苏州地区的气候状况，充分考虑通风、采光及太阳得热等因素：(1) 优化了建筑朝向，将次要空间置于西向，合理设计进深；在西侧结合预制外墙板设计，降低窗墙比，降低太阳得热负荷；(2) 通过与既有建筑间相对位置的错列，同时设置中庭及可开启天窗等技术措施，引导自然通风，降低室内夏季空调负荷；(3) 通过优化各外立面的窗墙比，采用中庭设计及可开启天窗，避免采光不足，降低照明能耗。

在装配式结构体系的基础上，提出了适用于夏热冬冷地区的装配式净零能耗建筑外围护结构的预制外墙板产品：(1) 预制混凝土夹心保温外挂板；(2) 低碳固碳高效保温隔热预制木龙骨外墙板；(3) 预制轻钢龙骨保温组合外挂墙板；(4) 预制混凝土双皮墙外墙板；(5) 预应力复合保温外墙板；(6) 装配式保温装饰一体板。

相比其他外墙板产品，预制木龙骨外墙板具有碳排放量低且具有可储存碳的优点；与同等性能的外保温混凝土外墙板相比，二～四层综合木材用量 141m^3，减少二氧化碳排放量 155.1t，同时存储二氧化碳 126.9t，对今后夏热冬冷地区的装配式低碳及净零能耗公共建筑外围护结构设计具有一定的参考价值。

该项目 2022 年 1 月竣工，后期建筑运行阶段将继续深入研究及分析，使建筑在运行中真正实现净零能耗建筑目标。

第 10 章　中建科技湖南有限公司 A 座办公楼

10.1　工程概况

10.1.1　工程基本情况

中建科技湖南有限公司产业化基地项目用地位于湖南省长沙市宁乡县宁乡经济技术开发区再制造产业组团中，基地西接安全厅，南邻长常高速，北至规划道路（檀金路）。可规划总用地面积 137606.70m^2，其中综合楼子项占地面积为 2192.48m^2，建筑面积为 5689.44m^2，其中地上 5536.64m^2，地下 152.80m^2。共分为三个部分：A 座为办公、B 座为食堂、C 座为宿舍。其中，A 座办公楼建筑面积为 2283.45m^2，是净零能耗建筑。A 座办公楼为多层公共建筑，共 3 层，结构形式为框架结构（图 10-1）。项目于 2017 年 5 月 21 日正式开工，2018 年 5 月主体结构完工，2018 年 12 月 21 日完成竣工验收，2019 年 3 月投入使用。

图 10-1　项目实景图

10.1.2　净零能耗建筑技术路线

1. 建设目标

该项目以夏热冬冷地区气候与技术适用性优先为导向，融合被动式建筑技术、装配式建筑技术、可再生能源利用技术及相关联的高效用能设备，进行净零能耗各项技术的集成研究，在满足净零能耗指标的同时，兼顾室内环境的健康和舒适。建立适应地区气候特征的公共建筑净零能耗建筑设计方法与应用模式，使中建科技湖南有限公司 A 座办公楼成为夏热冬冷地区净零能耗建筑典型示范工程。

项目设计目标为净零能耗建筑，预期实现建筑年综合能耗指标≤85kWh/(m^2·a)（包括：供暖、供冷和照明，不包括可再生能源）。综合节能率达到 60%，光伏装机容量 5kWp，设计年发电量 0.4 万 kWh（以《近零能耗建筑技术标准》GB/T 51350—2019 为参考）。预计通过场地内可再生能源发电，实现本建筑能量供给与需求平衡。

2. 技术路线

净零能耗建筑应从建筑本体的高效保温隔热技术、高效能源系统、可再生能源利用等方面综合考虑，并结合建筑综合性能、建筑本地化及区域适应性进行研究，制定适合不同气候区和适应本地化的技术路线。该项目的技术路线可归纳为：

首先，通过被动式建筑设计和技术手段，合理优化建筑布局、朝向、体形系数和功能布局，采取自然采光、建筑遮阳与隔热措施，最大幅度降低建筑终端用能需求。实现能耗需求比同类基准建筑降低 30%以上。

其次，通过主动技术和智能控制措施，提高能源设备和系统效率，并结合建筑自身可再生能源，最大幅度降低建筑终端能耗，实现建筑综合节能率 70%以上。

最后，最大化利用建筑场地内可再生能源，实现净零能耗的目标。

该工程实施按照如图 10-2 所示的技术路线图进行。

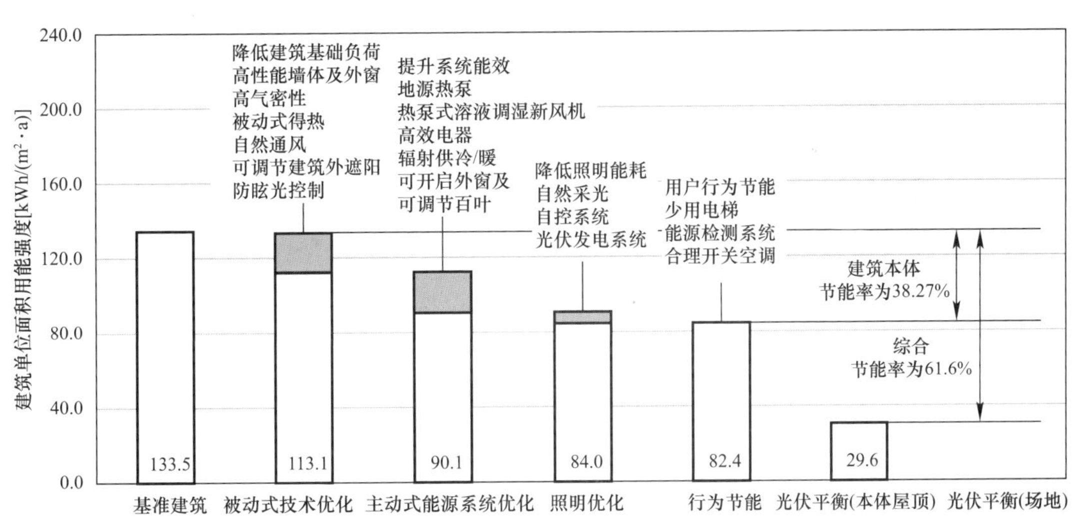

图 10-2 净零能耗建筑技术路线图

(1) 通过被动式建筑设计和技术手段，合理优化建筑布局、朝向、体形系数和功能布局，采用高效围护结构，最大幅度降低建筑用能需求；

(2) 结合主动式策略，采用低能耗照明设备、高性能供热制冷设备，包括地源热泵、太阳能吸收式制冷等技术，提高能源供应效率，实现建筑本体节能 30%以上；

（3）进一步利用可再生能源（包括太阳能光伏技术），使得建筑综合节能率达到 60%以上（以《公共建筑节能设计标准》GB 50189—2015 为基准）。

10.2 工程设计

10.2.1 被动式设计技术

通过能耗分析，对围护结构保温方案、遮阳处理等技术耦合进行优化，从设计源头解决装配式净零能耗建筑部件和构件的参数化性能确定的问题。高效保温隔热技术从建筑布局及规划设计、围护结构保温节能技术（非透明围护结构）、外窗及外门节能技术（透明围护结构）、无热桥技术和气密性技术五个方面分别进行技术设计及实施。

1. 建筑布局及规划设计

工程规划设计充分利用现有场地形态，将 A 座办公楼与非示范区域 C 座宿舍楼、B 座食堂分区设计，一层用室外连廊充分联系，既避免了不同使用功能之间的交叉，又考虑了配套使用的便捷性。三栋楼呈现半围合状态，用相互之间的通道增强自然通风，避免出现通风死角。充分利用室外场地进行生态绿化设计，减少热岛效应。

A 座办公楼朝向为北偏东 23°（南偏西 23°），接近南北向。长沙地区冬季主导风向是 NNW（北偏西 15°），实现了主要房间避开冬季主导风向的设计目的。

建筑物造型规整紧凑，较少凹凸变化。A 座办公楼体形系数为 0.26，各朝向窗墙面积比如表 10-1 所示。

各朝向窗墙面积比　　表 10-1

朝向	东	南	西	北
窗墙面积比	0.11	0.29	0.09	0.26

2. 围护保温结构节能技术

经模拟发现，在长沙地区以外墙为例，当传热系数从 0.5W/(m^2·K）降低到 0.30W/(m^2·K）时，冷热负荷也随之降低约 8%，但传热系数继续降低时，这种贡献率趋于平缓。这说明随着围护结构保温隔热性能的提升，围护结构对节能的贡献率逐步减弱。因此，围护结构的热工参数存在平衡点。经过技术经济优化分析，得出外墙、屋面及外窗的传热系数，如表 10-2 所示。

围护结构传热系数　　表 10-2

构件名称	传热系数
屋面	0.32W/(m^2·K)
外墙	主体：0.30W/(m^2·K)
外窗	1.0W/(m^2·K)　$SHGC$=0.45
架空楼板	0.30W/(m^2·K)

3. 外窗及外门节能技术

A座办公楼采用被动式断热铝合金外门窗，玻璃采用5双银Low-E+16Ar+5双银Low-E+16Ar+5暖边三层中空玻璃，外窗传热系数为1.0W/(m^2·K)，玻璃太阳得热系数*SHGC*=0.465，整窗太阳得热系数*SHGC*=0.357。外窗框与窗扇之间采用3道耐久性良好的密封材料密封。外窗气密性能为《建筑外门窗气密、水密、抗风压性能检测方法》GB/T 7106—2019中规定的8级水平。东、西、南侧均设置了活动外遮阳，保证夏季综合太阳得热系数*SHGC*<0.20。

4. 无热桥技术

项目中严格遵守避免热桥的设计原则：

（1）避让原则：尽可能不破坏或穿透外围护结构；

（2）击穿原则：当管线等必须穿透外围护结构时，应在穿透处增大孔洞，保证足够的间隙进行密实无孔洞的保温；

（3）连接原则：保温层在建筑部件连接处应连续无间隙；

（4）集合规则：避免几何结构的变化，减少散热面积。

5. 气密性技术

设置完整气密层，NALC板外墙气密层材料为15mm厚水泥砂浆抹灰（位于外墙内侧），具体做法（由室内至室外）：内墙涂料+15mm厚砂浆抹灰气密层+基础墙面。预制混凝土夹心墙板部分，所有打断内侧钢筋混凝土的板缝部位均贴气密膜处理，保证气密性。

10.2.2 主动式能源系统优化设计技术

1. 高效的能源系统

通过高效节能的照明系统、具有调湿功能的高效热回收新风系统、高效的太阳能空调机组（溴化锂机组）及高效的地源热泵机组四大方面进行技术设计及实施。

高效能源系统设计时，明确了地源热泵与溶液吸收式热泵新风系统设计时室内关键设计参数及新风处理过程状态点，并验证《严寒、寒冷和夏热冬冷地区净零能耗建筑建造技术导则》T/CABEE 608—2021中技术措施的合理性。

2. 节能照明系统

项目照明功率根据《建筑照明设计标准》GB 50034—2013要求的目标值设计，在满足眩光限制及配光要求条件下，选用效率/效能高的灯具。

项目办公区域的照明采用集中控制。项目走廊、楼梯间、门厅等公共场所的照明采用声光控延时开关，就地控制。

3. 高效热回收新风系统

（1）新风量设计根据《民用建筑供暖通风与空气调节设计规范》GB 50736—2012第3.0.6条的规定选取，办公室新风量为30m^3/(h·人)，会议室新风量为30m^3/(h·人)。

（2）采用全热热回收装置，其热交换效率为70%。

（3）设置新风预冷预热装置。二、三层采用热泵式溶液调湿新风机组，夏季室外新风先和回风进行热交换而降温除湿，然后进入机组除湿单元进一步降温除湿；冬季改变四通阀方向，实现新风的加热加湿（图 10-3）。

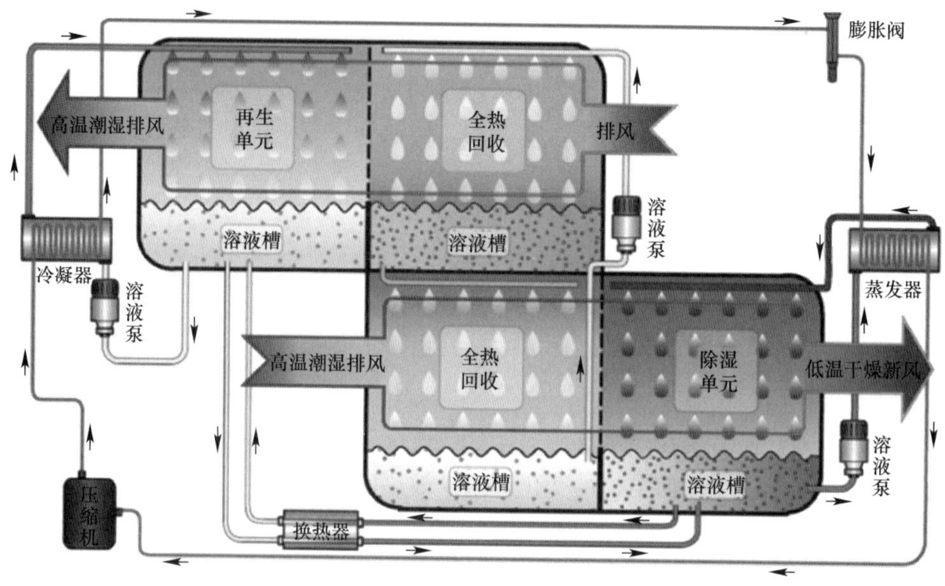

图 10-3　溶液调湿新风机组工作原理示意图

（4）溶液除湿机组实现除尘、灭菌功能。通过盐溶液（氯化钙或溴化锂）吸附空气中的细小灰尘、可吸入颗粒物。

（5）新风机组进行消声隔振处理，新风出口设置消声装置，风机与风管连接处应采用软连接。

4. 冷热源及系统形式

（1）冷热源系统形式

系统冷源：太阳能吸收式空调系统＋地埋管地源热泵系统；

系统热源：地埋管地源热泵系统；

说明：本套系统为综合楼 A 座办公（示范范围）和 C 座宿舍共用（非示范范围），如图 10-4 所示。

（2）冷热源设备类型、规格、台数及能效指标

太阳能吸收式空调系统：热管型集热器 305m^2，蓄热槽 20m^3，吸收式溴化锂机组 1 台（单台制冷量 70kW）；

地埋管地源热泵系统：地源热泵机组 2 台（单台制冷量 33.4kW，制热量 36.4kW）；室外埋管采用双 U 形换热器，地埋井 16 口（单井深度 100m，井间距 6m）。

（3）冷热源系统节能措施

系统冷源以太阳能吸收式空调为主，最大限度地利用清洁的太阳能资源，并设有 20m^3 的蓄热槽以求最大限度地储存太阳能；在太阳能资源不足时，使用地源热泵系统作为补充。因为长沙地区建筑所需要的冷热负荷相差较大（冷负荷大于热负荷），项目地源热泵系统集热器按热负荷选型。

（4）供暖供冷末端

办公楼采用干式风机盘管＋新风系统。

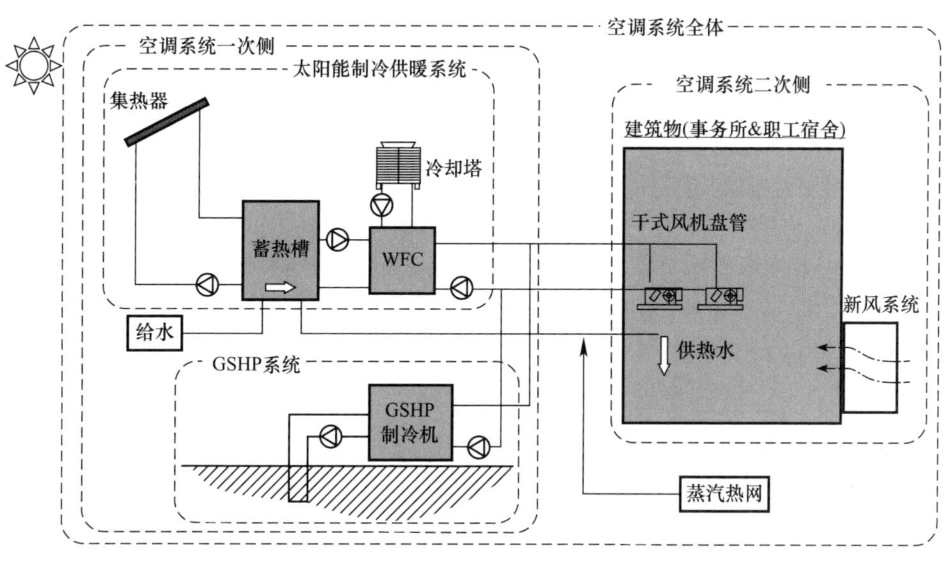

图 10-4　冷热源及系统形式示意图

（5）自动控制系统

自动控制系统主要通过检测集热器温度、蓄热槽温度、生活热水储水箱温度、辐射空调回水温度、毛细管供水管温度等来控制相应阀门、设备的运行，实现系统的节能、高效、自动运行。系统的主要控制原则是：夏季，优先利用太阳能来满足建筑制冷需求，若太阳能资源不足时，则利用地源热泵补充供冷，若仍不满足冷负荷需求，则辅助蒸汽驱动吸收式机组实现制冷；冬季，地源热泵系统承担全部热负荷；全年生活热水优先由太阳能集热器提供，不足时辅以蒸汽加热。

10.2.3　可再生能源利用技术

尽管通过高效保温隔热技术及高效的系统，该示范工程用能需求将会降至目标值，但是仍需要补给剩余的用电需求。因此，项目采用光伏发电技术，在基地 PC 构件厂房屋面大面积铺设太阳能光伏板，满足该工程净零能耗建筑目标的同时，最大化地采用可再生能源供给基地大部分用电。

1. 太阳能吸收式空调技术

长沙市属于太阳能资源Ⅳ类地区，全年日照在 2000h 左右。湖南雨季结束后有一段长时间的高温晴热天气，此时段内太阳能资源丰富；湖南枯水季节长，秋、冬季节晴天明显多于雨天，是太阳能丰富季节，属于太阳能利用的旺季。

项目采用太阳能吸收式空调技术，即使用太阳能经集热器光热转换得到的热能驱动吸收式制冷机实现制冷的技术。制冷系统包括两大部分，即太阳能热利用系统和吸收式制冷系统，主要由太阳能集热器、吸收式制冷机、辅助加热器、储水箱和自动控制系统等组成。夏季时，被太阳能集热器加热的热水首先进入储水箱，当热水温度达到一定值时，由储水箱向吸收式制冷机提供热源水；从吸收式制冷机流出的已降温的热源水流回到储水箱，再由太阳能集热器加热成高温热水；从吸收式制冷机流出的冷水通入空调房间实现制冷。当太阳能集热器提供的热能不足以驱动吸收式制冷机时，可以由辅助热源提供热量。被太阳能集热器加热的热水直接通向生活热水储水箱，可以提供全年所需的生活热水。该项目的太阳能空调系统兼有夏季制冷和全年提供生活热水的作用。

太阳能吸收式空调制冷最大的特点是与季节的匹配性好，即夏季太阳越好，天气越热，人们对空调的需求越大，太阳能吸收式空调制冷量也越大。除此之外，太阳能吸收式空调制冷与供热水结合起来，可以显著提高系统的利用率，取得更好的经济、社会和环境效益。

2. 地源热泵技术

长沙地区实测地温数据如下：当土壤深度为 3.2m 时，最低温月的平均地温为 15.3℃，比地表最低温度高 11.3℃；最高温月平均地温为 22.2℃，比地表最高温低 13.1℃。长沙的地质结构主要由砂砾岩、粉砂岩、砂岩、砾岩及板岩等岩层组成，最上层则多为网纹红土。项目采用地源热泵技术，即以地表浅层地热资源作为低品位热源，利用地源热泵机组进行供冷、供热的技术。

3. 太阳能光伏发电

A 座办公楼屋面长 45m，宽 16m，楼顶女儿墙高 4m，楼顶东北角布置电梯机房，机房高度低于女儿墙高度。屋面横梁东西间距 7.5m，南北间距 8m。该屋面光伏发电系统拟安装在楼顶女儿墙及横梁上部，采用光伏安装支架固定，选用发电效率高的单晶硅组件，光伏阵列铺满整个屋面，初步规划做成防水型光伏阵列，初步排布后，可安装光伏组件 170 块，发电功率为 47.6kW。光伏组件拟采用型号为单晶硅 280W，单块组件尺寸为 1640×992×40(mm)。同时，为了使建筑与光伏结合更美观、更协调，综合楼南立面选用薄膜光伏组件。综合楼南立面可安装 48 块薄膜光伏组件，外形 1190×790(mm)，单块功率约 130W，安装容量 0.62kW。光伏组件与预制混凝土构件集成结合，在混凝土构件上预制相关连接预埋件，形成光伏建筑一体化系统，达到光伏与建筑完美结合的效果。另外，场地内构件厂共有厂房和仓库空置屋面约 6.7 万 m^2，可安装光伏组件 32900 块，发电功率为 9212kW。光伏组件拟采用型号为单晶硅 280W，单块组件尺寸为 1640×992×40(mm)。

10.3 精细化施工

10.3.1 三明治外墙板生产与安装

1. 三明治外墙板生产

该工程的实施难点之一就是装配式建筑与被动式建筑技术的结合。在解决途径中，强调了构件设计、生产和安装各个阶段的品质把控。其中，设计部分主要以施工节点详图的形式在图纸上给出节点处理的具体方式。在生产过程中，需要把控的内容更加复杂。该项目所采用的三明治板均为示范工程承担单位中建科技湖南有限公司自主生产，该公司对 PC 构件生产过程质量控制有严格的管理要求，生产的成品构件质量较高（图 10-5、图 10-6）。

图 10-5　三明治板成品实景照片

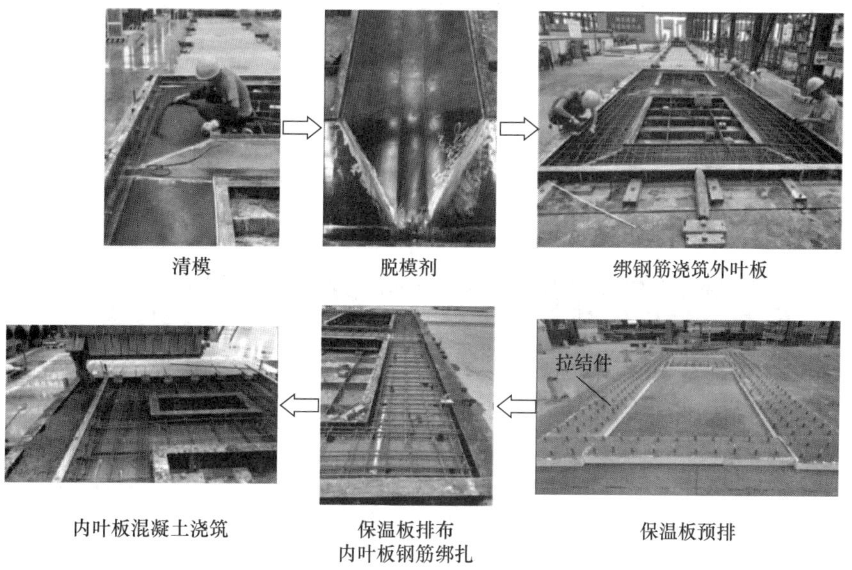

图 10-6　三明治板生产流程实景照片

生产工艺控制手段包括：

（1）中间保温板铺贴过程中控制板间缝隙在 2mm 以内，对大于 2mm 的板间缝隙采用保温板碎屑或者发泡填充缝隙；

（2）中间保温板铺贴完毕后采用胶带纸粘贴在保温板板间缝隙部位，避免保温板上混凝土浇筑过程混凝土进入缝隙；

（3）与模具接触的保温板入模前采用胶带纸粘贴，避免上层混凝土浇筑过程中进入保温板与模具间缝隙后在保温板侧面硬化结皮。

生产管理细化手段包括：

（1）保温板上部空间上各道工序作业时设置相应辅助设施，以避免人员作业过程踩踏保温板引起保温板边缘翘曲形成错位；

图 10-7　安装外窗的木砖预埋件实景照片

（2）混凝土浇筑保持连续，保证模具、预埋件、连接件不发生变形或者移位；

（3）增加保温板裁切精度控制，保温板与木砖（安装外门窗的预埋件，图 10-7）等预埋件间缝隙控制在 2mm 以下，防止形成热桥。

将上述措施和方法应用在构件生产过程中，保证了构件本身“保温”“无热桥”的要求。图 10-5～图 10-7 充分展现了工程所采用的“围护结构保温节能技术”，生产过程的严格把控保证了设计参数的实现。

2. 三明治外墙板安装

三明治外墙板在安装过程中，由于建筑层间位移、温度形变、施工误差等造成板与板之间一定会存在 15～30mm 的板缝，这就不可避免地打断了保温层和气密层，如何在安装过程中保障保温和气密的连续，是技术难点。该项目在设计时，研究人员、设计师、构件生产人员和安装人员反复沟通，确保设计图纸给出的节点处理方式保证施工时能够实现，并在施工过程中严格按图施工，并做好成品保护（图 10-8），及时发现问题，及时解决。

图 10-8　施工过程 PE 膜保护实景照片

保证保温连续的处理方式是现场喷涂发泡聚氨酯，保证气密层连续的方式是叠合楼板现浇层上方浇筑 120mm 厚轻集料混凝土。施工过程中，现场发泡质量要求极高，存在发泡不满无法保证保温连续和发泡过满破坏防水构造的风险，因此横缝处理在实际施工过程中耗费了大量的人力和时间。

竖缝一保温连续的方法是现场喷涂发泡聚氨酯，气密连续的方式是用防水隔汽膜连接现浇结构与外挂墙板内页板。竖缝二保温连续的方法是在现浇构造开口的位置填充 40mm

宽聚氨酯保温板，并用保温板碎屑和发泡聚氨酯填满缝隙（施工现场优化设计方案），然后再现浇混凝土实现气密层连续（图 10-9）。

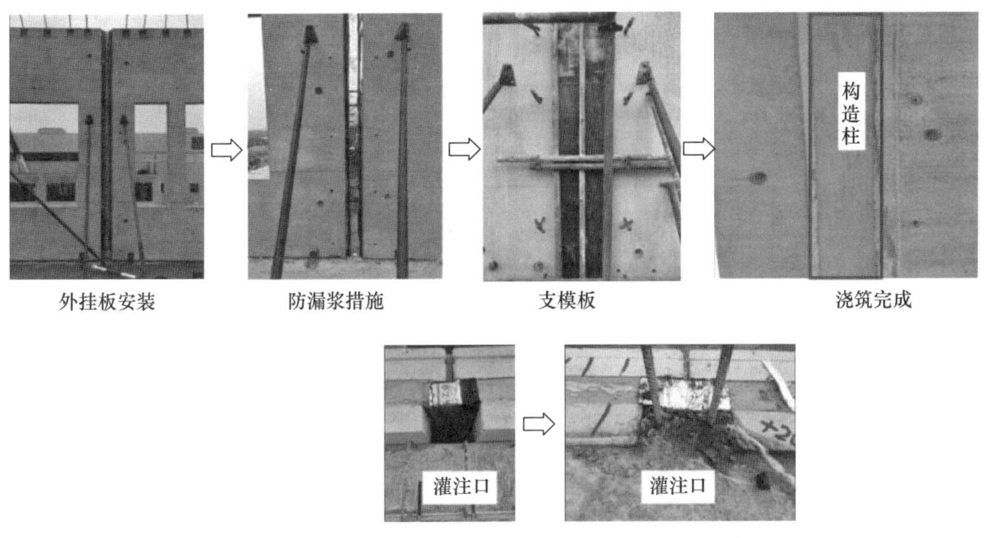

图 10-9　竖缝二保温气密施工过程实景照片

10.3.2　外门窗安装

外门窗是整个建筑外围护结构中保温隔热及气密性的薄弱构件，其质量保障包含两个方面，一是外门窗成品出厂的质量（由门窗生产企业确保），二是外门窗在工程现场的安装质量。工程所用的外窗在下料选型及制作过程均与研究人员、三明治板生产人员及施工单位负责人员进行多次沟通，确保了生产的产品满足设计要求及安装节点的要求。

以门窗成本合格进场为把控起点，对外门窗整个安装过程全程质控。外门窗整个安装过程最关键的要求非常明确：按图施工，做好保护。

安装准备阶段，主要对洞口尺寸进行定位校核及防水隔汽膜和防水透气膜的粘贴，并做好防护（图 10-10）。

图 10-10　防水隔汽膜和防水透气膜粘贴及保护实景照片

然后进行附框安装，附框仅下窗框需要。附框材质为木塑复合材料，保温效果良好。下一步，将粘贴完防水隔汽膜和防水透气膜的外窗框抬出洞口，固定完成（图 10-11）。

图 10-11　窗框安装完成实景照片

接下来的主要步骤如图 10-12 所示。

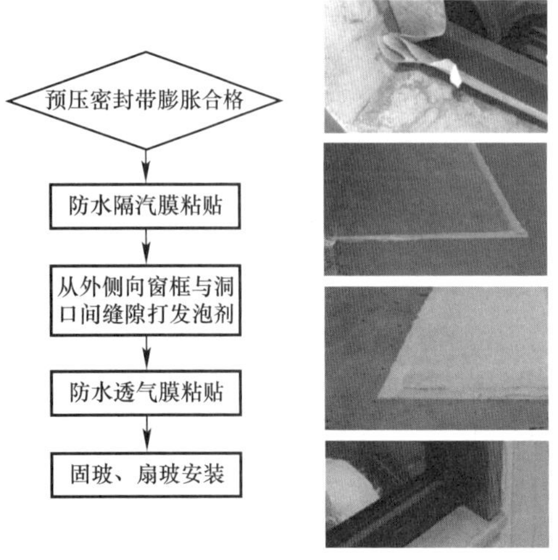

图 10-12　外门窗安装主要步骤及对应实景照片

上述过程展示了该工程外门窗安装的具有代表性的过程，整个过程严格按照图纸设计的节点安装方式进行，并强调全流程的做工精细化，对安装提出的主要要求如下：

（1）窗框与结构墙面结合部位是保证气密性的关键部位，在粘贴隔汽膜和防水透气膜时要确保粘贴牢固严密。

（2）在安装玻璃压条时，要确保压条接口缝隙严密，如出现缝隙应用密封胶封堵。外窗型材对接部位的缝隙应用密封胶封堵。

（3）门窗扇安装完成后，应检查窗框缝隙，并调整开启扇五金配件，保证门窗密封条能够气密闭合。

上述安装过程展示了该示范工程采用的“外窗及外门节能技术”及外门窗部分的“无热桥技术”“气密性技术”。

10.4　工程运行效果

10.4.1　运行调适情况

1. 主要机电系统运行调适

该工程主要的机电系统包括热泵式溶液调湿新风系统、地源热泵系统及太阳能空调系统。各机电系统均按期完工，该工程自 2019 年 1 月正式投入使用。太阳能空调系统在 2019 年夏季进行了系统调试。地源热泵系统从 2019 年 1 月开始系统调试，经历了 2019 年夏季运行期的调整，2019 年冬季进入稳定运行期。新风系统与冷热源同期进行调试，经历了 2019 年各季节的运行和调整，2019 年冬季进入稳定运行期。

2. 太阳能光伏系统

截至目前，综合楼南立面 PC 构件嵌入式光伏板已安装完成，并投入使用，光伏建筑一体化效果较好（图 10-13）。

图 10-13　太阳能光伏板完成部分的效果实景照片

10.4.2　单项技术运行效果分析

1. 地源热泵系统测试

测试时间：2019 年 9 月 3 日 10：00—2019 年 9 月 4 日 10：00。

测试内容及目的：地源热泵机组夏季运行工况的供冷能力、能耗状况，评估系统运行能效。

测试对象：地源热泵主机、用户侧水泵、地源侧水泵。

测试周期：连续测试 24h，期间需保证冷源设备及末端设备稳定运行；热泵机组及建筑内各区域空调末端至少应于检测日（9 月 3 日）前 3d 开启运行。

检测结果如表 10-3 所示。经过测试数据及后运算，得到如下结果：

（1）该地源热泵系统用户侧出口平均水温为 13.8℃，回水平均水温为 17.1℃，用户侧平均水流量为 7.5m^3/h，用户侧平均供冷量为 28.9kW，机组输入功率为 6.5kW，系统输入功率为 9.3kW。

（2）经计算，该地源热泵机组的制冷能效比为 4.45，系统制冷能效比为 3.11，达到《可再生能源建筑应用工程评价标准》GB/T 50801—2013 中规定的 3 级。

地源热泵系统检测结果　　**表 10-3**

检测工况		夏季工况
检测条件	室外气象条件	最高/低温度：31.0℃/22.4℃； 平均温度：26.3℃，相对湿度：69.5%
	室内系统工况	空调水系统输送冷热量和室内热舒适参数的测量在系统已连续正常运行 2h 后进行
检测时间	检测持续时段	2019 年 9 月 3 日—2019 年 9 月 4 日
	数据记录间隔	各参数的自动储存记录时间间隔为 2min。 现场设备的运行状态检查时间间隔为 0.5～1h

续表

检测工况	夏季工况			
检测结果				
序号	检测参数	单位	检测值	备注
1	地源侧平均供水温度	℃	30.0	—
2	地源侧平均回水温度	℃	33.7	—
3	地源侧平均供回水温差	℃	3.7	—
4	地源侧平均水流量	m^3/h	8.9	水泵工频运行，与机组水泵联动运行
5	地源侧平均换热量	kW	38.5	—
6	用户侧平均供水温度	℃	13.8	—
7	用户侧平均回水温度	℃	17.1	—
8	用户侧平均供回水温差	℃	3.3	—
9	用户侧平均水流量	m^3/h	7.5	水泵工频运行
10	用户侧平均供冷量	kW	28.9	—
11	热泵机组平均功率	kW	6.5	—
12	热泵机组平均制冷性能系数	—	4.45	额定值 4.49
13	除热泵机组外的机房设备平均功率（含地源侧和用户侧水泵等）	kW	2.8	—
14	夏季工况系统能效比	—	3.11	—

2. 热泵式溶液调湿新风机组测试

测试时间：2019 年 9 月 3 日 9：00～17：30。

测试内容：GHRD-2.5 新风机组的送风量、排风量，送排风温湿度、电功率。

测试目的：检测新风机的送风量、排风量，送排风温湿度、电功率，判断新风机的热交换能力。

测试数量：1 台。

测试结果如表 10-4 所示，可得出如下结论：测试期间，GHRD-2.5 机组开启，对室外新风进行预冷。经测试，新风机组的新风量为 2745m^3/h，新风换热量为 33.3kW，排风量为 1950m^3/h，排风换热量为 48.6kW，机组运行功率为 14.4kW，机组运行效率为 2.3。按照《近零能耗建筑监测评价标准》（T/CECS 740—2020）式（7.1.8-3）计算得到机组的全热交换效率约为 68%，满足全热回收机组的全热交换效率在冷量回收工况下不低于 65%的要求。

新风机组测试结果 **表 10-4**

测试项目		测试结果
新风量（m^3/h）		2745
新风进口	干球温度（℃）	29.8
	相对湿度（%）	64.4
新风出口	干球温度（℃）	14.8
	相对湿度（%）	93.6

续表

测试项目		测试结果
新风侧	换热量（kW）	33.3
排风量（m³/h）		1950
排风进口	干球温度（℃）	25.1
	相对湿度（%）	65.4
排风出口	干球温度（℃）	35.5
	相对湿度（%）	95.7
排风侧	换热量（kW）	48.6
机组运行功率（kW）		14.4
机组运行效率（kW/kW）		2.3

注：空气密度取 1.293kg/m³。

10.4.3 综合能耗效果分析

采用分项计量的方式对能耗进行分楼层、分类型计量，数据上传至能耗综合管理系统，本次分析收集 2019 年 1 月 1～31 日的所有用电数据，并按冷热源机组能耗、新风机组能耗、末端风机盘管能耗、照明能耗、电梯能耗、办公插座能耗、其他能耗进行数据整理，结果如表 10-5 所示。

由表 10-5 可知，2019 年该工程统计用电总量为 106422kWh，与理论计算的 100024kWh 相差不大，优于所计算的标准最低要求 15999kWh。从数据表面看，与初期的目标较为接近。

2019 年全年能耗数据 **表 10-5**

时间	用电统计（kWh）							
	冷热源机组能耗	新风机组能耗	末端风盘能耗	照明能耗	办公插座能耗	办公电梯能耗	其他能耗	小计
1 月	1407.1	1284.6	503.6	1041.4	2719.9	104.5	604.4	7665.4
2 月	128.1	117.0	280.1	511.9	1849.6	61.9	475.1	3423.6
3 月	140.2	128.0	240.5	818.2	1737.4	94.1	532.6	3691.1
4 月	448.1	409.1	254.6	851.8	1621.7	93.5	507.1	4185.8
5 月	943.4	861.3	701.4	854.5	1455.2	118.6	511.4	5445.8
6 月	6211.7	5671.0	919.1	812.3	996.3	108.1	500.8	15219.2
7 月	6587.7	6014.2	1022.3	833.4	1223.7	111.7	540.2	16333.2
8 月	7924.8	7054.4	1295.8	1033.3	1156.1	117.6	611.0	19193.1
9 月	2608.5	2322.0	904.3	1164.5	1145.2	108.4	545.5	8798.4
10 月	2373.5	2112.8	458.5	1198.1	1048.4	104.9	595.2	7891.5
11 月	704.4	627.1	586.1	1246.9	1218.2	100.1	585.5	5068.2
12 月	2348.0	2090.1	650.8	1451.7	2196.6	120.4	648.7	9506.2
合计	31826	28692	7817	11818	18368	1244	6658	106422

根据能耗监测系统数据，得到该建筑不含光伏发电的建筑全年耗电量，单位面积能耗为 46.04kWh/(m² · a)。

各类型能耗占比如图 10-14 所示，暖通空调系统（冷热源机组、新风机组和末端风盘）的总能耗占比达到 64.2%，而系统中主机能耗远高于末端能耗，冷热源机组能耗与新风机组能耗相差不大。且暖通空调系统能耗具有明显的季节性（图 10-15），长沙较为炎热的季节是 6～8 月，能耗远高于其他月份，而 4 月、5 月、11 月具有较明显的过渡季节特征。

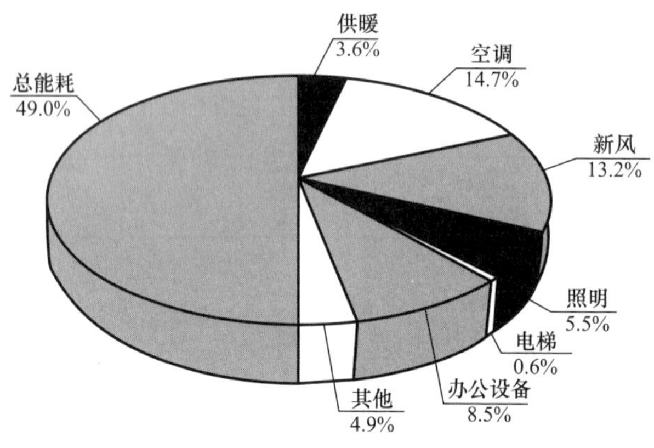

图 10-14　能耗占比图

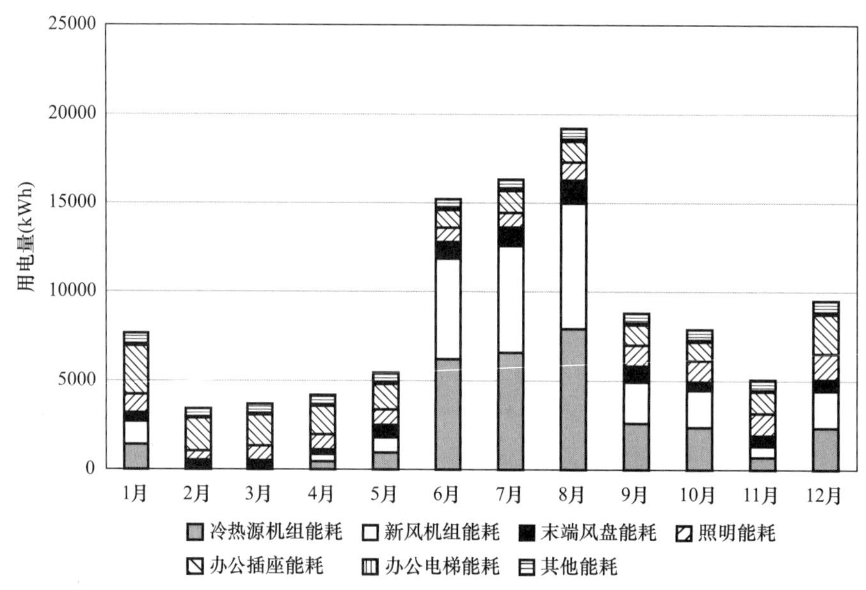

图 10-15　各类型能耗每月用电量图

除暖通空调系统外，办公插座能耗（反映的是电脑等办公用电设备的能耗）占比为 17.3%，是照明能耗 11.1%，再次是茶水间、弱电等其他能耗占比 6.3%，办公电梯能耗最小，仅占比 1.2%。

10.5　工程总结与亮点

该项目基于科技领先、因地制宜、生态环保、以人为本、可持续发展和被动技术领先的原则，充分考虑了长沙市的自然条件，以建筑能耗目标为导向，采用性能化设计方法进行设计。融合建筑、装配式结构、机电、建筑物理等专业，进行净零能耗建筑技术集成体系研究。

（1）项目采用的气候适宜性建筑设计、主/被动低能耗技术、室内环境质量控制等相关技术体系合理，在推广装配式混凝土结构建筑基础之上，可实施性强。最终采用了良好的保温隔热围护结构、高性能门窗、高气密性措施、无热桥设计等技术措施，使建筑对能量的需求降到最小，并通过了测试验证。该项目设计和技术集成的成功实施可以推广。

（2）项目针对所在地气候特点，将太阳能和地热能两种不同类型的可再生能源耦合利用。在设计阶段进行了大量分析，研究两种可再生能源的配置与耦合运行策略，并开展了长期的运行测试与调试，以保证系统运行效果。逐步摸索建筑如何开展技术评价的关键问题，为下一步的运行调适积累经验和数据。

（3）通过优化围护结构和高能效设备，可显著提高建筑本体节能率。该项目建筑本体节能率达到38.27%，优于近零能耗标准的约束性指标。实现能耗需求比同类基准建筑降低30%以上。利用屋顶面积铺设太阳能光伏，光伏装机容量49.7kWp，可实现年发电量4.45万kWh。年综合能耗值为29.64kWh/(m^2·a)，综合节能率可达到76.3%，达到设计目标要求。

该工程围护结构和暖通空调措施已接近极限，建筑能耗综合值已低于近零能耗标准给出的办公建筑能耗综合值指标。围护结构和高能效设备性能不能无限提高，存在技术经济合理性约束。因此，可以认为本地区建筑本体节能率的最大值为38%，建筑综合节能率的最大值为76%。

为进一步达到净零能耗要求，还需要通过场地内可再生能源发电抵消上述建筑用能。按计划，园区厂房6.7万m^2的屋顶将全部安装光伏板，可实现年平均发电约775.5万kWh。只要将园区光伏发电量的一部分为示范工程使用，即可实现净零能耗的目标。

本章参考文献

[1] 叶浩文，李丛笑，朱清宇等. 预制装配式实现被动式超低能耗建筑技术与实践——中建科技成都研发中心示范项目[J]. 动感（生态城市与绿色建筑），2017(1)：58-67.

[2] 胡远航. 装配式结合被动式超低能耗技术建筑的设计与安装概述——以中建科技成都有限公司产业化研发中心为例[J]. 中外建筑，2017(8)：227-230.

[3] 王凌云，潘悦，赵钿. 超低能耗被动房技术在焦化厂高层装配式公租房设计中的应用[J]. 城市住宅，2016，23(6)：25-31.

[4] 朱赛鸿，刘惠安，曹尚鑫. 预制夹芯保温墙体洞口热桥传热模拟分析[J]. 建筑节能，2018(4)：45-49.

[5] 沈佑竹，黄凯，刘永刚等. 装配式建筑门窗安装方法概述[J]. 江苏建筑，2017(5)：62-63.

[6] 张泽平，李珠，董彦莉. 建筑保温节能墙体的发展现状与展望[J]. 工程力学，

2007 (S2)：121-128.

[7] 吴自敏，楚洪亮，尹述伟等．装配式混凝土结构被动式超低能耗建筑热桥处理措施［J］．建筑节能，2018 (9)：70-74.

[8] 吴自敏，楚洪亮，尹述伟等．装配式混凝土结构被动式超低能耗建筑气密性处理措施［J］．建筑节能，2018 (8)：137-141.

[9] 张欢，李丛笑，朱清宇．应用夹芯保温外墙板的装配式超低能耗建筑施工要点分析——以中建科技成都研发中心公寓楼为例［J］．建设科技，2019 (1)：78-84.

[10] 楚洪亮，吴自敏，浦华勇等．预制混凝土夹心保温外墙板内部冷凝问题研究［J］．混凝土与水泥制品，2017 (2)：60-63.

第 11 章　中建成都滨湖设计总部绿建中心

11.1　工程概况

11.1.1　基本情况

中建成都滨湖设计总部项目位于成都市天府新区兴隆镇宝塘村六组。项目南临兴隆湖，四面均为规划道路。场地南北高差约 3.7m，东西高差约 1.5m。用地较为规整，南北长约 200m，东西长约 130m。项目净用地面积 26192.51m²，总建筑面积 78335.31m²，容积率为 1.49，建筑密度为 39.96%，绿地率为 12.91%。

该项目主要使用功能为办公、配套商业及地下车库等。项目总体设计原则：建筑临湖由南至北逐渐升高，层层退台，既获取良好临湖景观，也形成独特的建筑形态。设计中通过标准模块的组合叠加，尽量减小建筑本体的体形系数，采光庭院的设置，形成了丰富的建筑体量，展示了良好的建筑形象。建筑外立面主要设计元素为玻璃幕墙，辅以穿孔板、钢结构遮阳和垂直绿化。

办公主体结构选型采用框架—剪力墙结构；商业部分结构采用框架结构。地下室结构采用框架结构。该项目定位为夏热冬冷地区生态智慧"净零能耗建筑"的典范，其中净零能耗建筑示范项目面积不小于 2000m²，其他为绿色智慧低能耗建筑示范部分（图 11-1）。此外，项目整体还需满足国家绿色建筑三星认证、美国 LEED 标准金级认证等多项绿色生态建筑设计目标。

图 11-1　净零能耗建筑的范围

11.1.2　净零能耗建筑技术路线

近年来被动式超低能耗建筑成为国内外建筑节能领域研究热点，德国等欧洲国家提出了具体的技术指标，我国于 2010 年后也开展了被动式超低能耗建筑的研究与设计应用。针对严寒寒冷地区的被动式超低能耗技术体系而言，一般包括以下三个方面：

（1）被动式系统设计：高绝热外围护结构＋自然通风＋自然采光＋遮阳；

（2）可再生能源利用：太阳能光热（被动与主动）＋太阳能光电；

（3）能源的高效利用：热回收＋新风系统。

针对夏热冬冷地区而言，由于气候条件的差异导致被动式超低能耗技术体系与严寒、寒冷地区存在截然不同的关键问题亟待解决。首先，被动式系统设计不是技术问题，核心是成本增量，是如何优化能耗指标的问题。其次，针对可再生能源利用技术而言，则主要涉及不同气候区的地区适宜性问题，以及供热制冷的能效和技术经济性问题。第三，夏热冬冷地区普遍室内外温差较小（8～15℃），热回收效率低；新风处理焓值高，新风负荷占1/3以上；而办公建筑设备、人体发热量大，势必导致制冷能耗的增加。对湖南、江苏、四川等地几个工程的实际调查结果均发现，类似项目难以到达相关标准导则的规定指标。

因此，在示范工程设计之初就应确定建筑的人居环境质量、节能和降低碳排放等定量化技术需求标准，以人居环境质量和资源消耗最低为目标函数，将绿色建筑理念和技术从施工图阶段提前至建筑方案，从建筑形态、空间、建筑功能，融合建筑、结构、机电能源系统各专业建立多目标的需求模型，采用实验、数值计算、理论分析和应用验证等方法，开展深入细致的研究工作，依次弄清建筑形态空间、建筑功能与环境控制的作用机理，探寻夏热冬冷地区建筑形态和建筑围护结构热特性与能耗的内在规律，以及各种绿色技术与建筑之间的相互关系和影响因素，最终形成设计方法。

根据典型办公建筑的使用功能、建筑环境需求、节能减排的目标，研究绿色技术与建筑的（融合建筑、结构、机电能源系统各专业的）布局、形态、空间构成、结构选型、设备选型、建筑表皮、部品、构件、室内环境指标各子系统的相互影响和地域化差异，提出典型建筑在夏热冬冷气候区各专业绿色技术优化匹配的原则；典型公共建筑的功能需求和使用条件。

研究建筑在运行过程中绿色技术和系统的分项指标拆分方法，从而确定该气候区适宜的保温隔热、遮阳、通风、蓄能等技术指标和构造方式。拟采用典型案例调研、实地测量、模型实验、能耗模拟相结合的技术路线，以整体建筑的资源节约的控制目标进行建筑与系统整体优化，提出夏热冬冷地区建筑的绿色技术整体技术方案。其技术路线框图如图 11-2 所示。

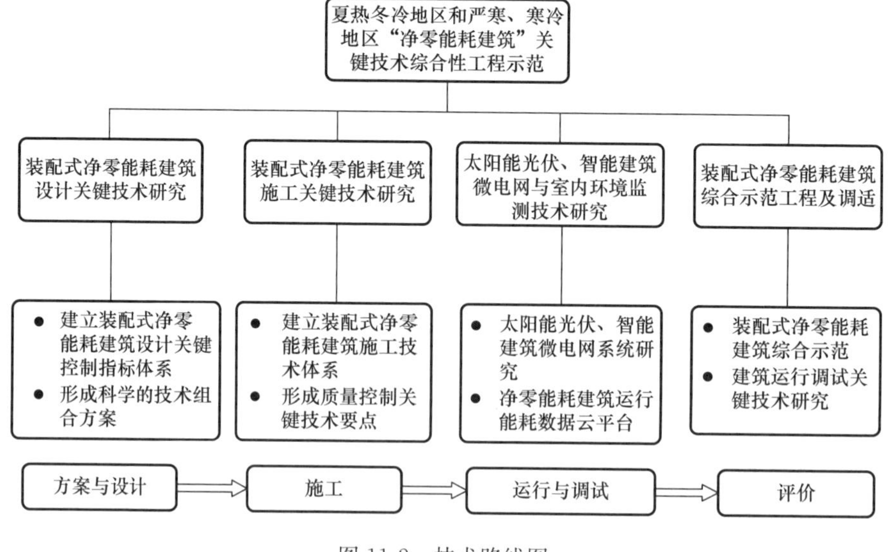

图 11-2　技术路线图

11.2　工程设计

11.2.1　被动式设计技术

1. 外墙保温隔热技术

由于采用大量的玻璃幕墙，实体部分围护结构为装配模式，结合该项目的特点，采用骨架板式保温体系，建筑的保温体系在工厂内即与围护结构预制为一体，项目部分墙体选择微孔混凝土保温体系进行示范，如图 11-3 所示。

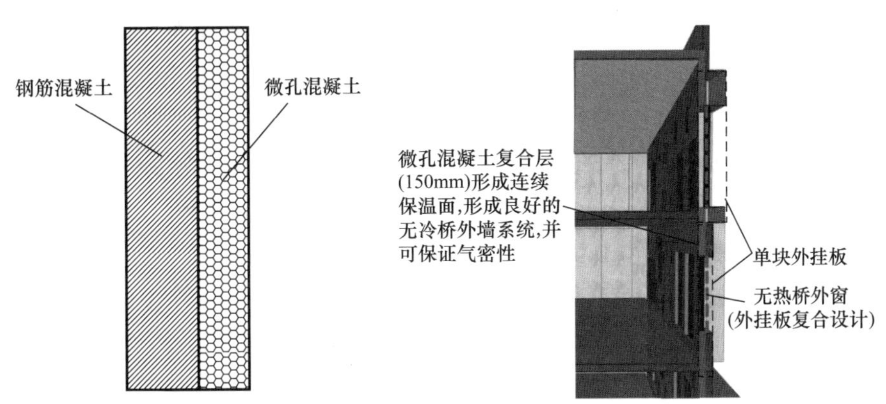

图 11-3　装配式围护结构保温体系

2. 屋顶保温隔热技术

围护结构设计时采用了“夏热冬冷地区净零能耗建筑关键设计技术”的部分研究成果，优化整体围护结构保温方案。该工程采用种植屋面，保温隔热基层采用 120mmXPS，屋面总的传热系数小于 0.25W/(m^2·K)。

3. 高性能的透明幕墙（外窗）与遮阳

通过优化整体围护结构保温方案和遮阳设计处理，实现建筑能耗降低和遮阳构造处理。透明围护结构对能耗的影响因素主要包括三个：传热系数、遮阳系数和可见光透射比（图 11-4）。对能耗影响较大的参数为传热系数和遮阳系数。传热系数对能耗有一定的影响，传热系数越低，越有利于能耗的降低。

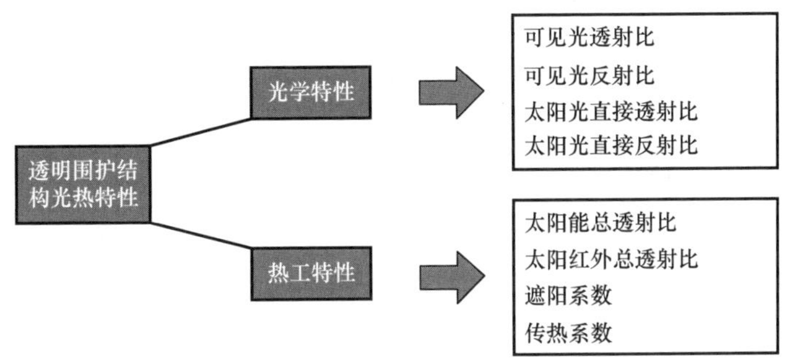

图 11-4　透明围护结构光热特性

透明幕墙（外窗）的热工性能取决于组成的窗框和玻璃的类型。其中玻璃配置应考虑玻璃层数、Low-E 镀膜、真空层、惰性气体、边部密封构造等加强玻璃保温隔热性能的措施。幕墙（窗户）安装时经常会不可避免地产生热桥，应将安装细部节点与装配式外墙的细部节点配合设计与施工。

明确影响建筑热过程红外热量的主要波段，揭示透明围护结构热辐射换热机理，确定膜与腔构造形式，提出适合建筑的透明围护结构节能设计指标。

太阳热能总透射比是指在 0～2500nm 波长范围内，通过建筑玻璃的室内得热量与投射到建筑玻璃外表面上的太阳辐射量的比值，包括 780～2500nm 波长范围内太阳光直接透射比和建筑玻璃吸收太阳辐射热后，向室内二次辐射的热量。与太阳能总透射比相比，太阳红外热能总透射比主要考虑了近红外线的透过和吸收，摒弃了可见光波段透射及吸收的影响，更加准确地反映了通过建筑玻璃进入室内的太阳热能。由于镀膜玻璃具有阳光调节功能，使建筑玻璃在 380～780nm 的可见光波段内具有较高的透过率，满足日常办公和生产对光线的需求；在 780～2500nm 波段内具有较低的透过率，达到隔热的目的。镀膜中空玻璃用太阳红外热能总透射比来表征其节能指标更加合理。因此，该项目采用三银双中空玻璃幕墙。

由于采用高透明性玻璃，自然会引起过渡季过热现象。对建筑过热的主要原因——玻璃幕墙的热稳定性（蓄热特性），以及保温、隔热、遮阳等热特性进行分析如图 11-5 所示。

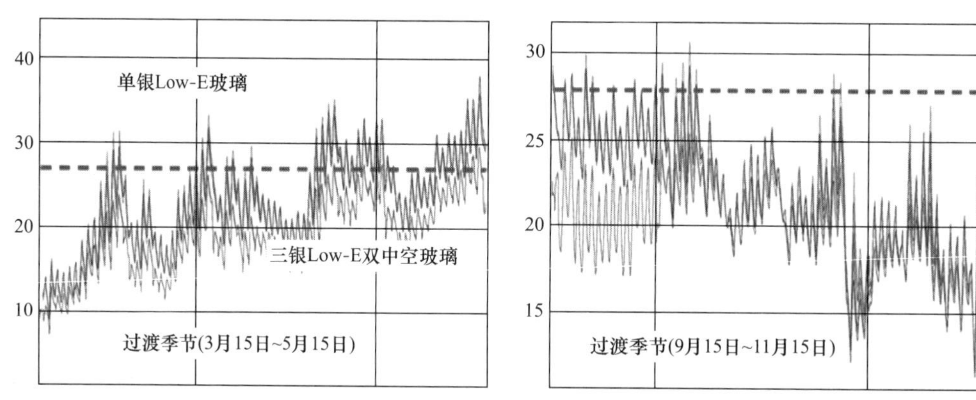

图 11-5　建筑采用不同玻璃幕墙热特性分析

对单银中空和三银双中空玻璃幕墙过渡季节自然室温分析可以看出，采用三银双中空玻璃幕墙完全能解决过渡季节自然室温过热问题。

同时，为比较透明围护结构在采用三银双中空 Low-E 镀膜玻璃与普通 Low-E 镀膜玻璃及增加可调节外遮阳时的节能效果和经济性分析，笔者选择基准建筑为刚好满足节能标准规定性指标的围护结构做法，并在其他构造不变的基础上，选择了三种透明围护结构的对比设计选型，如表 11-1 所示。其中，设计建筑 1 和设计建筑 2 采用不同光热性能参数的三银玻璃配置，设计建筑 3 的对比方案中可调节遮阳构造材料为铝合金遮阳横向百叶，夏季外遮阳系数计算用的拟合系数分别为：$a=0.55$，$b=-1.30$，$A/B=1$，$\eta^{*}=0.20$，则 $SD_{夏}=0.40$，冬季时无遮阳，外遮阳构件只在建筑东、西、南三个朝向应用。

透明围护结构玻璃、遮阳选型及光热性能参数表　　表 11-1

<table>
<tr><th>设计类型</th><th>配置描述</th><th>整窗/玻璃幕墙传热系数 K [W/(m²·K)]</th><th>玻璃太阳得热系数 SHGC</th><th>玻璃可见光透射比 Tv</th></tr>
<tr><td>基准建筑</td><td>隔热金属型材中空玻璃（6 中透光 Low-E+12A+6 透明）</td><td>2.4</td><td>0.38</td><td>0.49</td></tr>
<tr><td>设计建筑 1</td><td>隔热金属型材三银双中空玻璃（6 高透光 Low-E+9Ar+6 透明）</td><td>1.2</td><td>0.30</td><td>0.64</td></tr>
<tr><td>设计建筑 2</td><td>隔热金属型材三银中空玻璃（6 中透光 Low-E+9A+6 透明）</td><td>2.3</td><td>0.23</td><td>0.47</td></tr>
<tr><td rowspan="2">设计建筑 3</td><td rowspan="2">隔热金属型材中空玻璃（6 中透光 Low-E+12A+6 透明）+可调节外遮阳</td><td rowspan="2">2.4</td><td>夏季：0.15</td><td>夏季：0.10</td></tr>
<tr><td>冬季：0.38</td><td>冬季：0.49</td></tr>
</table>

经模拟计算分析可得不同玻璃配置时的能耗结果，以单位面积年耗电量为指标，其包括夏季空调耗电量、冬季供暖耗电量和照明耗电量三部分。表 11-2 为不同玻璃配置时的单位面积建筑能耗值。

不同玻璃配置时单位面积建筑能耗值 [单位：kWh/(m^2·a)]　　表 11-2

	基准建筑	设计建筑 1	设计建筑 2	设计建筑 3
供暖能耗	4.95	2.56	5.06	4.95
空调能耗	40.12	32.13	38.01	29.89
照明能耗	9.89	7.0	9.95	10.97
合计	54.96	41.69	53.02	45.81

经济性分析是外遮阳措施广泛用于建筑节能领域的必要前提。拟采用增量成本 *IC*（Incremental Cost）的方法，根据目前相关市场调研和生产销售厂家提供的资料，对上述几种透明围护结构类型在综合考虑初投资和运行费用的前提下比较其经济性因素，计算结果如表 11-3 所示。

透明围护结构选型的经济性对比分析表　　表 11-3

设计类型	初投资成本（元/m^2）	单位建筑面积初投资增量（元/m^2）	单位建筑面积节约电费（元/m^2）	静态回收期（a）
基准建筑	335	—	—	—
设计建筑 1	750	41.9	3.17	8.97
设计建筑 2	390	10.5	1.01	10.40
设计建筑 3	1115	99.4	2.56	38.83

因此，综合建筑总能耗后，由低到高排序：设计建筑 2（三银双中空）<设计建筑 3（单银+可调节外遮阳）<设计建筑 2（中透三银）<设计建筑 1（中透单银）。在考虑经济性分析后，在成都地区三银 Low-E 镀膜玻璃的投资回收期仅为 8～10a，可在使用年限内收回投资成本，远低于可调节外遮阳的 38a，综合优势更加明显。

4. 建筑制冷涂料的应用

反斯托克斯夜光制冷又称激光制冷或光学冰箱，是指以一低能量的泵浦激光激发具有发光中心的制冷单元，制冷单元自发辐射出高能量的光子，从而实现物体制冷的物理现象。利用材料的反斯托克斯荧光制冷来冷却固体材料的思想最初由 Pringsheim 在 1929 年提出。但直到 1995 年，美国洛斯阿拉莫斯国家实验室的 Epstein 等研究人员才在真空状态下于镱掺杂的玻璃上观察到低于室温 0.3K 的制冷效果。然而，所有这些固体及液态材料的激光制冷严格要求制冷单元具有接近于 1 的量子效率、低能量单束泵浦激光以及极小甚至可以忽略不计的寄生传热。因此，迄今为止，所有的激光制冷效果全部是在真空腔室中取得，尚未产业化的激光制冷器样机也主要用于航天器及精密仪器的制冷。据了解，世界范围内，采用阳光而非惯用的泵浦激光激发涂层材料获得敞开环境下的反斯托克斯荧光制冷从未实现。

中建技术中心材料所与中建西南院合作开展了在太阳光谱范围内实现反斯托克斯荧光制冷来冷却围护结构的工程应用，太阳反射率接近涂层材料理论物理限值 0.95，无论是白天还是夜晚，屋顶和西墙外表面温度恒低于气温，远低于没有涂覆涂料的表面温度（图 11-6）。

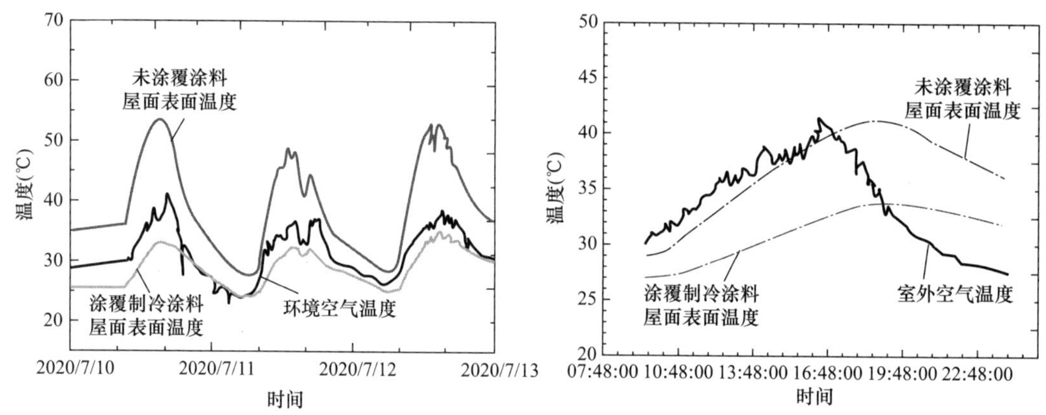

图 11-6　隔热制冷涂料在北京的测试曲线

11.2.2　主动式能源系统优化设计技术

按照当前成都地区建筑冷负荷指标计算，优良的围护结构性能还可进一步降低冷负荷，常用的离心式冷水机组偏大。

空调冷热源的能耗通常占空调系统能耗的 50%左右，项目要实现净零能耗，需要高性能的空调冷源。建筑为多模块构成，净零能耗建筑为一个模块，因此采用多联机空调系统＋独立新风系统（新风入口处串联 PM2.5 净化装置）也是一种选择。

考虑到成都地区供暖空调室内外温差，以及新风焓值及热回收效率，该项目未采用热回收系统。

11.2.3　可再生能源利用技术

太阳能发电是对自然资源进行利用的最直接、有效方式，建筑本身利用太阳所发的电，是建筑自身的产能，可用来抵消建筑从外网消耗的能源，使建筑最大限度符合近零甚至净零能耗的标准。该工程通过太阳能光伏与直流供电技术，实现自然能源的最大化利用。

成都地区太阳能辐照资源相对较少，一般现场均采用多晶硅，其转换效率高，弱光效应好。特殊现场（如幕墙、光伏建筑一体化、玻璃房等）考虑外观因素，建议采用薄膜，其转换效率低，但弱光效应佳，可观赏性高。

光伏发电实施区域为绿建中心、楼宇中心屋顶，建筑总面积约 2000m²，直流配电机房、蓄能系统设于地下一层，太阳能光伏板设于建筑两个模块屋面（约 600m²），直流技术展示设在绿色建筑中心。

该项目光伏装机容量 80kW；自然通风（含混合通风）可降低建筑年能耗 8%。其直流系统如图 11-7 所示。

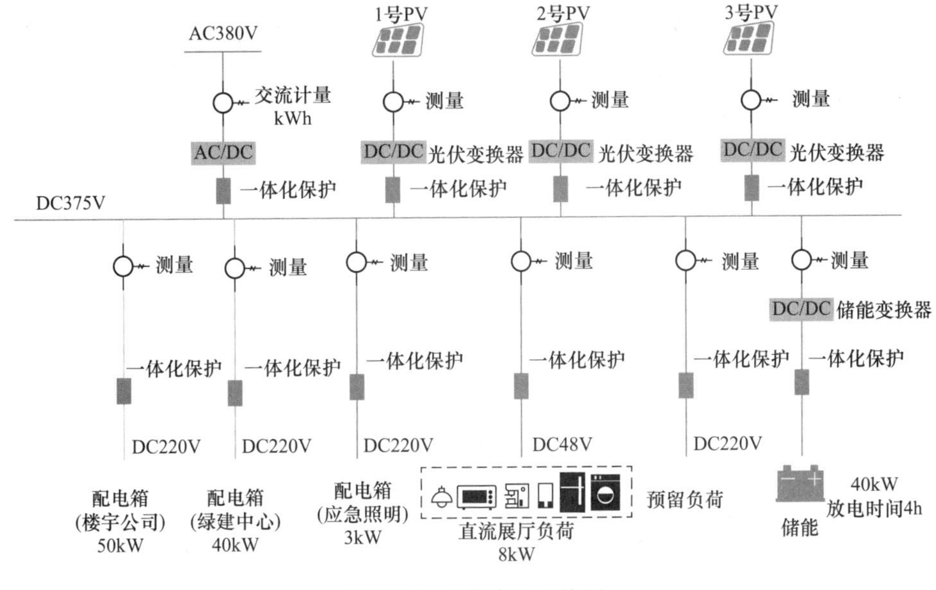

图 11-7 光伏直流系统图

11.3 精细化施工

通过开发的 BIM 平台进行方案推敲、环境性能化分析、搭建全专业 BIM 模型出图、施工优化和结构二次开发。BIM 技术贯穿该项目的可行性研究、建筑设计、实施建设、运营维护等各阶段，从而实现项目全生命周期的精细化管理，提高了项目整体设计水平，提升了施工建造与运营管理的质量和效率。在项目设计之初，根据业主需求，进行了相关 BIM 策划，包含 BIM 交付标准、BIM 建模标准、BIM 实施手册，为 BIM 工作的开展和实施提供了指导和依据。

在 BIM 设计中，由于每个模块都有其特定的功能属性，对应不同的设计部门。各部门对自己的体量、位置、朝向都有各自的需求。通过参数化的控制，调整每个单元模块的长、宽、高、位置等，使每个部门各得其所。

在 BIM 设计中，通过在不同穿孔板幕墙形式下的室内热环境分析，得出外网穿孔板的最佳形式和孔洞率（图 11-8）。

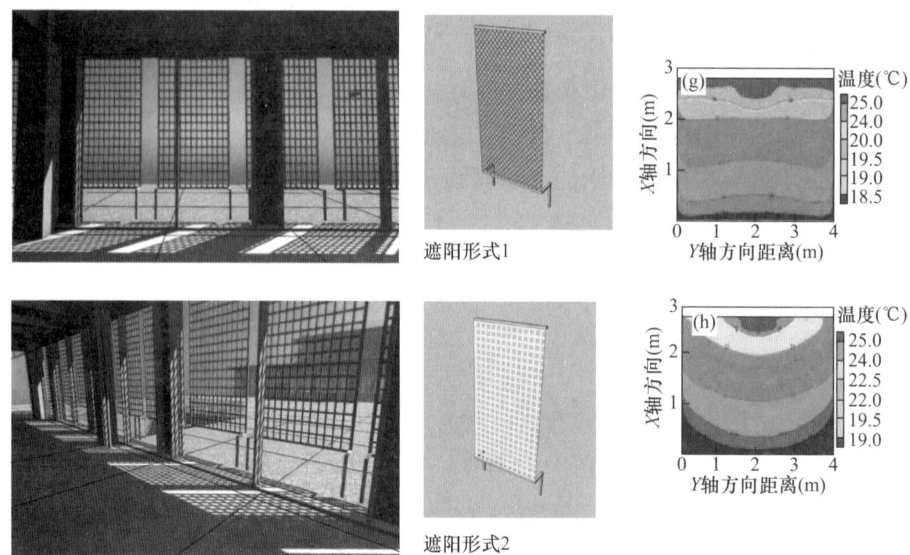

图 11-8　BIM 计算结果

设计过程伴随实时真实的 BIM 模型。可以对建筑的室内空间进行动态研究，更加细致形象地推敲。通过在模型中对三维构件及室内空间管线之间的细节展示和推敲，为设计提供三维形象的决策依据（图 11-9）。

图 11-9　办公空间剖透视

作为中建集团工业化试点项目，该工程采用装配整体式混凝土框架结构。综合运用预制梁、柱、预制空心混凝土叠合楼盖板、预制楼梯等构件，局部配以防屈曲约束支撑，调整结构刚度，实现设计与施工的优化。确定整个建筑结构的预制区域，除大悬挑和结构受力薄弱部位，均采用工业化预制的方式。在 BIM 模型中进行构件的拆分设计，使构件类型最少化。该项目先后获得第二届中国建设工程 BIM 大赛单项奖三等奖、第二届李冰奖开明杯 BIM 大赛中荣获企业组一等奖、第十五届中国国际住博会 • 2016 年中国 BIM 技术交流会暨优秀案例作品展示会最佳 BIM 设计应用奖优秀奖、第四届建筑信息模型 BIM 设计大赛民用建筑组二等奖。

11.4 工程运行效果

11.4.1 工程调适

在课题的框架下，对该项目的新风系统和冷热源系统进行了调试。调适主要分了 2 个层次和 5 个方面，可较好地满足该项目机电系统的性能优化和提升。

（1）根据空调系统实际冷负荷，自动控制供冷设备运行数量；同时，将冷计量值远传到能源分项计量系统。根据冷却水供水温度（由设在冷却水供水总管上温度传感器获取）控制冷却塔风机的频率。

（2）冷源设备可实现顺序联锁启停，冷源设备启动顺序：冷却塔风机→冷却水电动阀→冷却水泵→冷水泵→冷水机组，停机顺序相反。

（3）根据冷水总管流量与供回水总管温差，计算系统实际冷负荷，与冷机额定冷量或者根据流量计的流量与冷水泵的流量比较确定冷水机组的开启台数，以确保各台启动冷水机组均处于 70%负荷以上区域运行。

（4）根据空调水系统供、回水总管间的压力差或供回水温差使循环泵变频变流量运行，但通过冷水机组的最小流量不得低于额定流量的 70%或厂家要求的最低流量值，且应在供回水总管之间设压差旁通阀；通过测定空调冷水系统的压差与设定供回水之间压差值比较：当测定压差值大于设定压差值时，水泵降频以减小流量；当流量计显示流量等于单台冷机的额定流量的 70%而测定压差值仍大于设定压差值时，水泵停止降频，开大旁通阀开度，从而在确保设定压差值的前提下维持通过主机的流量不低于额定流量的 70%；当测定压差值小于设定压差值时，水泵变频增大流量。

（5）通过测定空调热水系统的压差与设定供回水之间压差值比较：当测定压差值大于设定压差值时，水泵降频以减小流量；当测定压差值小于设定压差值时，水泵变频增大流量。

11.4.2 单项技术运行效果分析

该项目开展了在太阳光谱范围内实现了反斯托克斯荧光制冷来冷却围护结构的工程应用测试，所测试涂料的太阳反射率接近涂层材料理论物理限值 0.95。屋顶和西墙外表面温度恒低于气温，远低于没有涂覆涂料的表面温度。

另外，图 11-10 和图 11-11 也显示了 2020 年 7～8 月隔热制冷涂料的测试结果。测试期间，项目所在地区成都天气晴朗，在 15：00 左右达到最高平均气温 35℃，最强光照强度平均为 806W/m^2。日间最高气温通常滞后于最强光照强度，这是因为热量被大地吸收的缘故。对比测试房间屋顶表面温度，屋顶涂覆了白色降温涂料的测试房间的屋顶表面温度一直低于屋顶未涂覆降温涂料的测试房间的屋顶表面温度。在 5：00 太阳升起之后，二者的屋顶表面温差逐渐增大，在 14：00 左右达到最大值 14°C 左右。此后，二者的温差逐渐下降。显然，降温涂料降低了屋顶的表面温度，光照越强烈，降温效果就越明显。

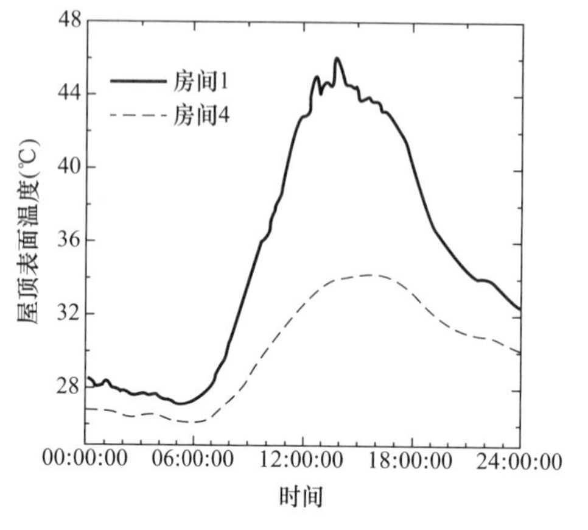

图 11-10　屋顶表面温度对比

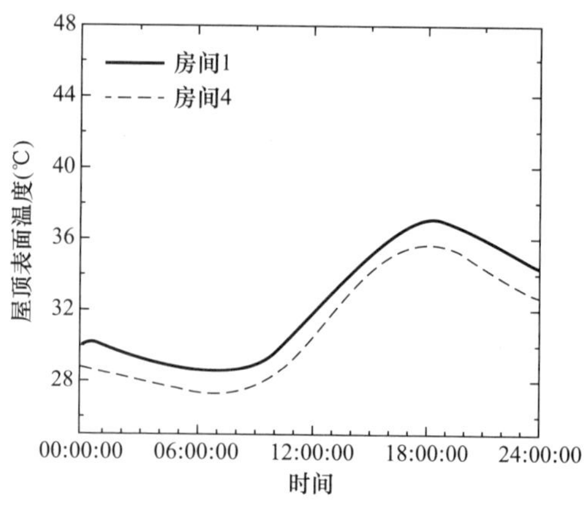

图 11-11　室内温度对比

从测试结果也可以看出，屋顶下表面的温度及温度差别基本与屋顶表面一致。屋顶涂覆了白色降温涂料的测试房间的室内温度一直低于屋顶未涂覆降温涂料的测试房间的室内温度。在一天时间内二者的最小温差为 1.0°C，最大温差为 1.7℃，室内温差最大值出现在 18：00 左右。显然，降温涂料降低了室内温度，在不使用空调降温的情况下，提高了居住舒适度。

随着室内温度的降低，制冷能耗也大幅降低。通过实测可知，屋顶涂覆了降温涂料的测试房间和未涂覆降温涂料的房间制冷所消耗的空调用电量分别是 9.78kWh 和 8.02kWh。换言之，在天空晴朗、最高气温为 35℃、最高光照强度为 806W/m^2 的夏日，在 4m^2 未做保温的平屋顶采用降温涂料后，可以节约制冷能耗约 1.76kWh。

11.4.3　综合能耗效果分析

采用分项计量的方式对能耗进行分楼层、分类型计量，数据上传至能耗综合管理系统，本次分析收集 2019 年 1 月 1～31 日的所有用电数据，并按冷热源机组能耗、新风机组能耗、末端风机盘管能耗、照明能耗、电梯能耗、办公插座能耗、其他能耗进行数据整理，结果如表 11-4 所示。

由表 10-3 可知，2019 年该工程统计用电总量为 106318kWh，与理论计算值相差不大，与初期的目标较为接近。

2019 年全年能耗数据　　　　**表 11-4**

时间	用电统计（kWh）
1 月	7562.2
2 月	3320.4
3 月	3587.9
4 月	4082.6
5 月	5342.6

续表

时间	用电统计（kWh）
6 月	15116
7 月	16230
8 月	19089.9
9 月	8695.2
10 月	7788.3
11 月	4965
12 月	9403
合计	106318.8

根据能耗监测系统数据，得到该建筑不含光伏发电的建筑全年耗电量，单位面积能耗为 46.04kWh/(m^2 • a)。

11.5　工程总结

该项目以夏热冬冷地区气候与技术适用性优先为导向，基于地域文化特征和地域环境条件融合建筑、结构、机电、信息化、建筑物理等专业，进行净零能耗建筑技术集成体系研究。形成的成果如下：

（1）形成了亚热带气候适宜性建筑设计方法。根据成都地区的气候和气象参数记录，因地制宜地分析研究适合夏热冬冷地区的自然通风和遮阳等净零能耗关键技术，明确了典型建筑在夏热冬冷地区各专业净零能耗技术优化匹配原则，确定了净零能耗建筑的空间形态、布局、结构选型、设备系统、室内环境的综合指标体系。

（2）实现了净零能耗建筑技术集成。基于人居环境理念和适宜性技术的净零能耗建筑设计方法与模式，实现了以提高人居环境质量、清洁能源和降低碳排放目标为导向的绿色低能耗技术的集成和优化，适应夏热冬冷地区气候的净零能耗建筑性能设计方法与工程示范。

（3）开发了适宜的防水、导风、遮阳、幕墙/外窗等建筑表皮相结合的混合通风、预冷蓄能技术和功能性构件，采用新风预冷相变蓄热技术显著降低建筑的供暖和制冷需求。

充分利用太阳能、空气源热泵等可再生能源和低能耗设备和技术，利用新风预冷技术，解决在成都地区预冷通风时序与通风构件形式与控制问题，尽可能利用可再生能源，使建筑达到“净”和“零能耗”。

（4）通过 BIM 技术实现智慧建筑综合技术整体优化。采用建造全生命周期的信息化管理和建筑运维，采用网络通信技术、安全防范技术等，实现资源管理、信息服务和智能体验。通过“互联网+”技术实现建筑智慧化集成，形成了净零能耗建筑办公环境的智能性、安全性、高效性、舒适性和便利性的集成信息技术应用。

第 12 章　中建西南院墙材科技有限公司办公楼项目

12.1　工程概况

12.1.1　工程基本情况

该项目位于成都市天府新区核心区兴隆湖北侧，项目地块南侧距兴隆湖水面直线距离约 200m，周边环境良好，建筑面积为 2079.26m^2，建筑类型为办公建筑，框架剪力墙结构体系，地上 3 层，地下 2 层，如图 12-1 所示。

图 12-1　建筑效果图

该项目主要使用功能为办公及地下车库等。在建筑设计方案阶段，充分考虑了建筑功能需求，优化空间布局，加强自然采光和通风，为实现建筑低能耗提供有利条件。项目按照《成都市建筑绿色设计施工图审查技术要点（2017 版）》《四川省绿色建筑评价标准》DBJ51/T 009—2018 三星级进行设计。整栋建筑作为净零能耗示范区域，建筑面积约 2079m^2。

12.1.2　净零能耗建筑技术路线

1. 项目定位

示范工程以中建西南院墙材科技有限公司办公楼项目为依托，建立适应地区气候的典型公共建筑清洁能源与零能耗建筑设计方法与模式，使中建西南院墙材科技有限公司办公楼项目具有行业的影响力，做到影响建筑业未来发展方向的夏热冬冷地区清洁能源与零能耗建筑典型示范工程，成为行业内在绿色建筑领域的引领示范工程。

2. 示范工程能耗目标

夏热冬冷地区净零能耗公共建筑示范工程建筑面积不小于2000m^2，供暖和空调能耗小于40kWh/(m^2·a)。

3. 总原则

项目根据夏热冬冷地区的地域气候特征，建立一套与严寒、寒冷地区完全不同的净零能耗建筑设计与优化方法，采用实验、数值计算、理论分析和应用验证等方法，探寻夏热冬冷地区建筑形态和建筑围护结构热特性与能耗的内在规律，以及各种绿色技术与建筑之间的相互关系和影响因素，最终形成一套完整的技术应用体系。通过示范工程的建设来体现示范引领作用，使其成为可复制的净零能耗运维和管理技术示范建筑标杆工程。同时，对示范工程持续跟踪测试，由技术示范转向实际运维技术、运行策略和数据收集分析研究平台的示范。通过监测、数据挖掘以及动态调适等方法，验证、提升净零能耗建筑技术示范效果。最终按照夏热冬冷地区气候和地域条件，制定适宜于项目所在地的技术体系，从而杜绝"盲目模仿，为示范而示范"的误区。

4. 技术路径

示范工程按照"理论研究—整体方案设计—关键技术与装备研发—系统集成与示范—能耗监测—运行与调试—完善技术体系"的总体思路开展系列工作。

12.2 工程设计

示范工程技术方案主要包括：地域气候适宜性建筑设计、高性能高耐久围护结构技术、制冷涂料夏季被动降温、动态控制夜间通风降温节能技术、低功耗个性化工位热环境调控、太阳能光伏发电等。

12.2.1 被动式设计技术

1. 地域气候适宜性建筑设计

实现净零能耗建筑的难点主要在技术的适宜性和多种技术的集成，即如何提供一个基于被动式理念的系统解决方案。被动式的核心理念强调直接利用太阳光、自然通风环境、植被等场地自然条件，通过优化规划和建筑设计，实现建筑在非机械、不耗能或少耗能的条件下，全部或部分满足建筑供暖、降温及采光等需求，达到降低能耗，提高室内环境性能的目的。

结合夏热冬冷地区的气候特征，整体建筑设计采用以数据为导向的建筑设计方法，充分采用被动式技术，提供一个对能耗需求较少的"净零能耗建筑本体"。充分利用自然通风采光，一年中更长的时间不使用人工照明、空调，减少能源的使用，实现低能耗目标。模块办公单元功能灵活、建筑内外空间丰富、室内外风环境良好（图12-2）。

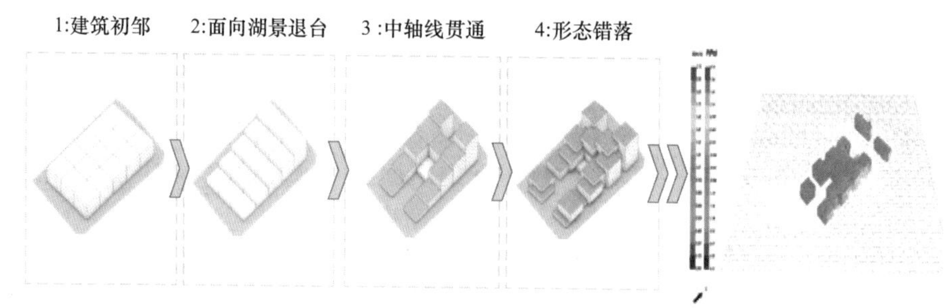

图 12-2 室外风环境优化

对建筑立面也进行了优化，对建筑立面采用遮阳、垂直绿化、通风、采光等多功能的设计方案（图 12-3）。

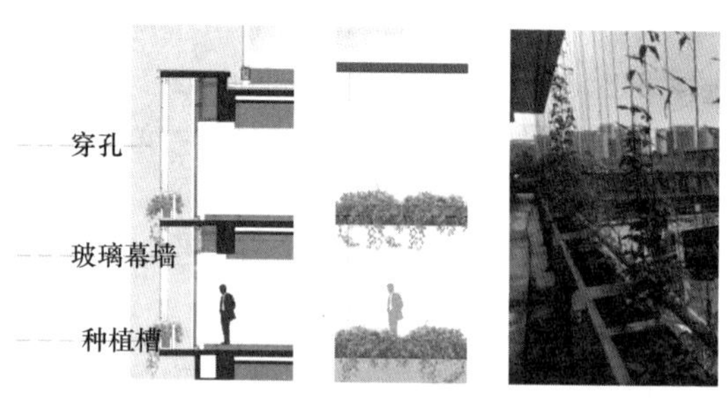

图 12-3 建筑立面设计

2. 高性能高耐久围护结构技术

(1) 外墙保温隔热技术

由于气候的原因，夏热冬冷地区建筑围护结构在设计时不同于寒冷地区仅仅考虑冬季工况，要同时考虑夏季隔热和冬季保温两个方面。而保温和隔热在某种程度上来说是矛盾的，比如围护结构为了冬季保温可能需要做得很厚，但在夏季或过渡季节，太厚的围护结构会影响室内散热，导致空调能耗的增加。所以围护结构的设计应该有一个最优设计值。

图 12-4 为墙体在不同传热系数情况下，建筑全年的供暖和空调负荷总量的统计情况。可以看到，墙体的传热系数从 0.8W/(m^2·K) 降到 0.1W/(m^2·K) 的过程中，建筑全年的负荷先降低再增加，墙体传热系数与负荷值存在拐点，墙体的传热系数 K 不是越小越好，即保温隔热性能存在最佳参数问题，该项目的最佳传热系数为 0.4W/(m^2·K)。

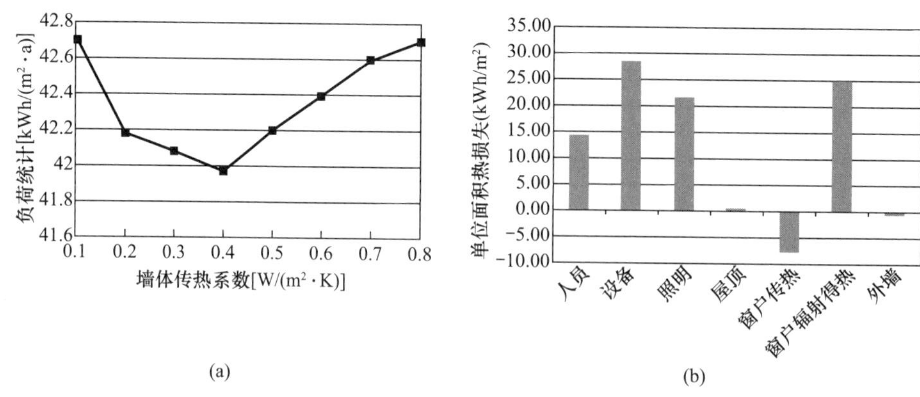

图 12-4 墙体传热系数与各部位单位面积热损失分析

(a) 传热系数与负荷特性关系；(b) 各部位单位面积热损失

该项目主要功能为办公，使用时段主要在白天，结合该类型建筑的使用特点，外墙冷热桥采用外保温体系。为达到节能效果，对热桥细部构造进行保温处理，外墙冷热桥保温构造措施如表 12-1 所示。

外墙冷热桥保温构造措施　　　　**表 12-1**

序号	材料名称	导热系数 [W/(m·K)]	材料厚度 (mm)	热阻值 R [$(m^2 \cdot K)/W$]	蓄热系数 S [$W/(m^2 \cdot K)$]	热惰性指标 D	修正系数
1	干挂外饰面	不计入					
2	龙骨	不计入					
3	岩棉保温材料	0.041	120	2.439	0.75	0.915	1.2
4	钢筋混凝土	1.74	200	0.115	7.92	2.731	1.0
5	胶粘剂	不计入					
6	内饰面层	不计入					
外墙各层之和				2.554		3.649	
外墙热阻 $R_o=R_i+\sum R+R_e$		$2.704m^2 \cdot K/W$		$R_i=0.11m^2 \cdot K/W$；$R_e=0.04m^2 \cdot K/W$			
外墙传热系数 K		$0.37W/(m^2 \cdot K)$		外墙主体部位传热系数的修正系数取 1.0			
外墙平均传热系数 K_m		$0.37W/(m^2 \cdot K)$					

注：满足《公共建筑节能设计标准》GB 50189—2015 中夏热冬冷地区甲类公共建筑 $D>2.5$，传热系数 $K \leqslant 0.80W/(m^2 \cdot K)$ 的要求。同时满足《近零能耗建筑技术标准》GB/T 51350—2019 中夏热冬冷地区 $K \leqslant 0.40W/(m^2 \cdot K)$ 的要求。

而另一方面，夏热冬冷地区外围护结构透明围护结构部分的占比（窗墙比）对于建筑能耗来讲也存在最佳热工参数。

窗口设计是建筑方案设计阶段的重要组成部分，其中窗墙面积比是方案设计中的关键一环。大量研究证明，窗墙面积比对建筑的照明能耗与空调能耗均有影响。较大的窗墙面积比在冬季能够使更多的太阳辐射进入室内，从而降低建筑的供暖能耗，但在夏季又会导致建筑室内温度的显著提高，进而增大建筑的制冷能耗。与此同时，由于进入建筑内部采光数量的增多，能够减少对人工照明的需求，进而降低照明能耗。此外，窗墙面积比对建筑能耗的影响规律也会随着气候分区、建筑朝向等因素的不同而有所差异。因此，该工程以建筑节能为导向，在东、西、南、北四种朝向下，分别模拟计算了 0.1～0.8 阈值范围内的窗墙比对建筑能耗的影响，模拟步长为 10%，如图 12-5 所示。

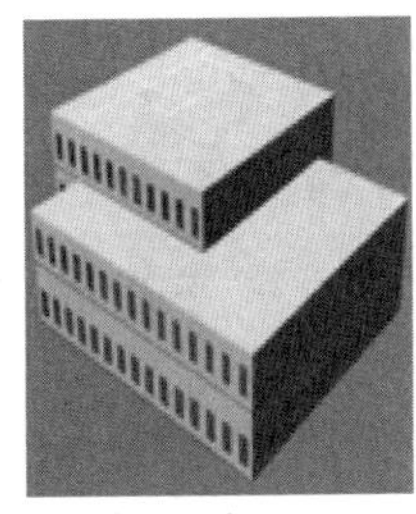

窗墙面积比=0.1

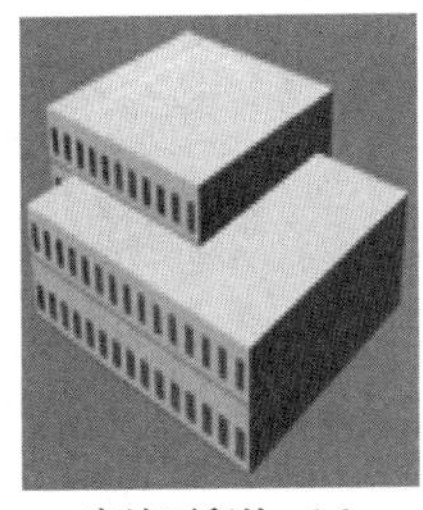

窗墙面积比=0.2

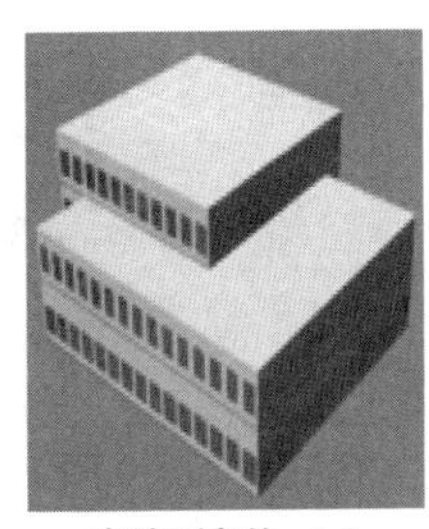

窗墙面积比=0.3

窗墙面积比=0.4

图 12-5　示范工程不同窗墙面积比建筑模型（一）

图 12-5　示范工程不同窗墙面积比建筑模型（二）

分析不同窗墙面积比条件下，建筑夏季空调能耗、冬季供暖能耗以及建筑总能耗的变化规律，其中建筑总能耗包括建筑的照明能耗。

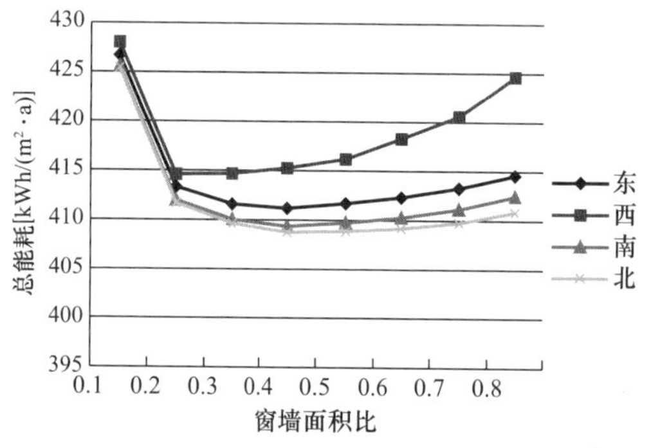

图 12-6　总能耗随侧窗窗墙面积比的变化

图 12-6 体现了总能耗随侧窗窗墙面积比的变化。四个朝向的总能耗均随窗墙面积比的增加先减少，达到最低点之后又随着窗墙面积比的增加而增大。与天窗采光相同，在窗墙面积比较小时，照明用电量迅速下降，照明所节约的能耗和照明得热量减小造成的总能耗减小量之和大于太阳辐射得热和温差传热增大引起的总能耗的增加量，总能耗随窗墙面积比的增加而减小。随着窗墙面积比的继续增大，照明能耗下降的增幅开始放缓，照明所节约的能耗和照明得热量减小造成的总能耗减小量不再明显，此时太阳辐射得热和温差传热增大引起的供暖能耗降低占主导地位，总能耗开始随开窗面积的增大而增大。东、西、南、北向总能耗最低点分别出现在窗墙面积比为 0.5、0.4、0.5、0.6 时。

结合建筑立面效果的重要性，课题组对建筑窗墙面积比进行优化，使窗墙面积比控制在 0.5 左右，对多余的玻璃幕墙部分采用高效的新型材料发泡石膏纸面复合板进行覆盖（图 12-7）。

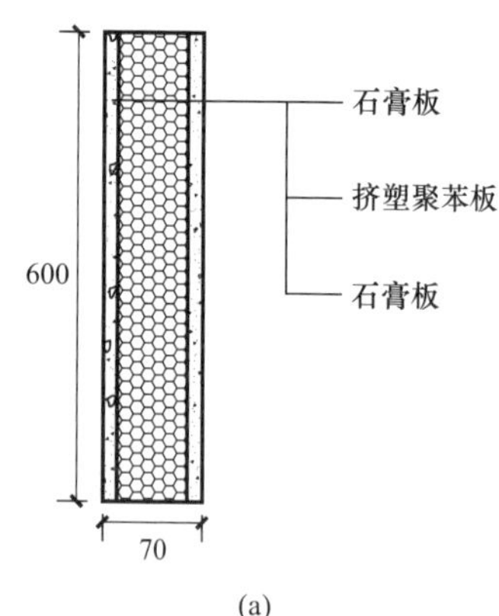

(a)

(b)

图 12-7　挤塑石膏纸面复合板覆盖外窗

(a) 挤塑复合石膏板；(b) 覆盖示意图

(2) 屋顶保温隔热技术

该工程保温隔热基层采用100mmXPS，屋面总的传热系数 K 小于0.32W/ (m^2 ·K)，屋面保温隔热构造措施如表12-2所示。

屋面保温构造措施 表12-2

序号	材料名称	导热系数 [W/(m·K)]	材料厚度 (mm)	热阻值 R (m^2·K/W)	蓄热系数 S [W/(m^2·K)]	热惰性指标 D	修正系数
1	二装面层	不计入					
2	C20细石混凝土	1.51	40	0.026	15.36	0.407	1.0
3	隔离层	不计入					
4	SBS改性沥青防水卷材	不计入					
5	刷底胶剂一道	不计入					
6	水泥砂浆保护层	0.93	20	0.022	11.37	0.245	1.0
7	挤塑聚苯板XPS	0.03	100	2.500	0.34	1.133	1.2
8	水泥砂浆找平层	0.93	20	0.022	11.37	0.245	1.0
9	陶粒混凝土找坡	0.57	30	0.035	7.19	0.378	1.5
10	水泥砂浆保护层	0.93	20	0.022	11.37	0.245	1.0
11	聚氨酯防水涂料隔汽层	不计入					
12	水泥砂浆找平层	0.93	20	0.022	11.37	0.245	1.0
13	钢筋混凝土屋面板	1.74	100	0.057	17.2	0.989	1.0
屋面各层之和				2.983		3.885	
屋面热阻 $R_o=R_i+\Sigma R+R_e$		3.133m^2·K/W		R_i=0.11m^2·K/W；R_e=0.04m^2·K/W			
屋面传热系数 K		0.32W/(m^2·K)					

注：满足《公共建筑节能设计标准》GB 50189—2015中夏热冬冷地区甲类公共建筑 $D>2.5$，传热系数 $K\leqslant$ 0.50W/(m^2·K) 的要求。同时满足《近零能耗建筑技术标准》GB/T 51350—2019中夏热冬冷地区 $K\leqslant$ 0.35W/(m^2·K) 的要求。

3. 光谱选择性透明围护结构

透明围护结构对能耗的影响因素主要包括三个：传热系数、太阳得热系数和可见光透射比。对能耗影响较大的参数为传热系数 K 和太阳得热系数 $SHGC$。

传热系数对能耗有一定的影响，传热系数越低，越有利于能耗的降低。透明幕墙（外窗）的热工性能取决于组成的窗框和玻璃的类型。其中玻璃配置应考虑玻璃层数、Low-E镀膜、真空层、惰性气体、边部密封构造等加强玻璃保温隔热性能的措施。幕墙（窗户）安装时不可避免地会产生热桥。须将安装细部节点与外墙的细部节点配合设计与施工。

由于镀膜玻璃具有阳光调节功能，使建筑玻璃在380～780nm的可见光波段内具有较高的透过率，满足日常办公和生产对光线的需求；在780～2500nm波段内具有较低的透过率，达到隔热的目的。镀膜中空玻璃用太阳红外热能总透射比来表征其节能指标更加合理。三银玻璃热特性如图12-8所示。

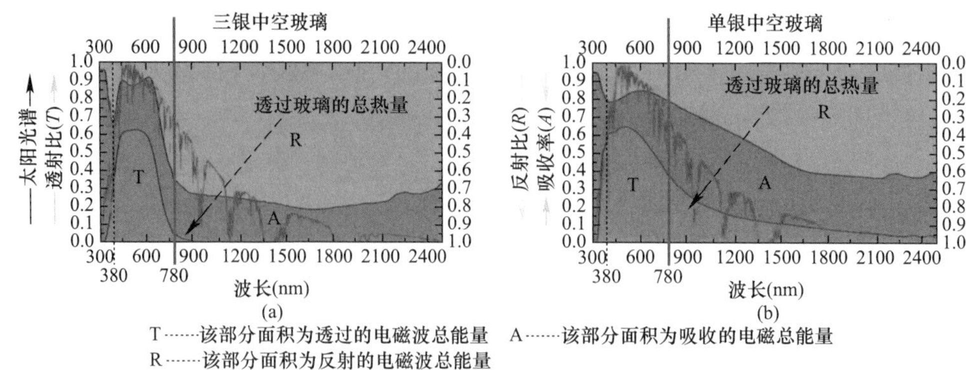

图 12-8 Low-E 中空玻璃遮阳性能

（a）三银 Low-E 测试曲线；（b）单银 Low-E 测试曲线

因此，该项目示范区域拟采用三银中空 Low-E 玻璃充氩气外窗，提高围护结构夏季隔热性能，大幅降低空调负荷。同时考虑保温、隔热以及透光性，玻璃参数如表 12-3 所示。

外窗技术措施及性能参数 **表 12-3**

围护结构	传热系数 K [W/(m²·K)]	综合太阳得热系数 $SHGC$	可见光透射比	外窗技术措施
玻璃	1.4	0.25	0.60	断桥铝合金中空三银 Low-E 玻璃窗（6+12Ar+6）
整体外窗	1.7	0.25	0.60	断桥铝合金中空三银 Low-E 玻璃窗（6+12Ar+6）

4. 制冷涂料夏季被动降温

该项目采用的制冷涂料是中建西南院新材料中心研制的一种新型的功能型涂料，通过在高性能太阳热反射降温涂料中加入特殊核心功能助剂，大大提高了涂层材料的有效太阳反射率，突破了常规白色降温涂料太阳反射率的上限。同时，涂料在远红外波段还具有很高的发射率，实现了阳光直射下低于周边环境气温的目标。其制冷机理概括起来如下：当涂覆制冷涂料的表面于阳光下直面天空时，90%以上的太阳辐射被反射，剩余被吸收的热量小于以红外电磁波辐射的形式散发到大气层与大气层外的宇宙空间的热量，使得吸收进表面的热量小于辐射出去的热量，因此表面温度恒低于周边环境气温。

该涂料不仅在装饰方面得到保证，且能够将大量太阳光反射出去，大幅度减少热量的吸收，避免热传导。同时，涂料具备辐射制冷效果，结合大气窗口，利用红外辐射实现热量与大气层外太空（绝对温度约为－270℃）进行热交换，将这些热量传递到太空内，通过这种方式可有效减少建筑表面吸收的热量，降低室内温度。尤其在夏季，减少空调的使用，达到节能的效果。

在夏热冬冷以及其他气候区分别在实验模型以及既有建筑上进行实验测试，对比分析了普通反射隔热涂料和制冷涂料（辐射型反射隔热）的降温效果。由于制冷涂料（辐射型反射隔热）在 250～2500nm 波长范围内自身具有非常高的反射率，同时在 2500～25000nm 范围内具备很高的发射率，能将 90%以上的太阳辐射热反射出去，剩余的小部分热量也因其在2500～25000nm范围内具备很高的发射率，特别是在大气窗口8000～13000nm的波长范围内，达到0.96的发射率，具有很强的全天候与大气层外绝对温度约为3K（－270℃）的外太空进行源源不断热交换的能力，能将热量辐射出去。在实验中，均证实了涂刷制冷涂料（辐射型反射隔热）后，外表面温度在日间可以低于室外空气温度，且涂刷制冷涂料（辐射型反射隔热）的测试板在全天内均低于涂抹普通反射隔热涂料的表面温度（图12-9）。同时，高发射率的制冷涂料（辐射型反射隔热）在夜间更具有良好的降温效果。

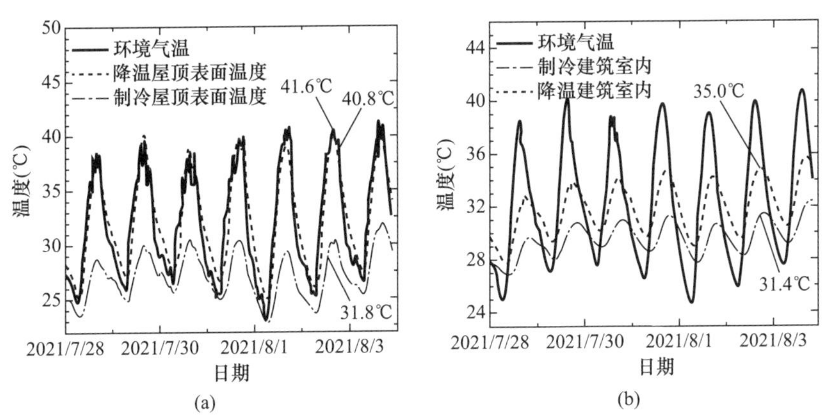

图12-9 制冷涂料的应用测试曲线

（a）制冷涂料测试曲线1；（b）制冷涂料测试曲线2

12.2.2 主动式设计技术

1. 低功耗个性化工位热环境调控

现阶段通风空调系统设计面临节能与室内空气品质两项挑战，在传统空调系统中二者之间既相互关联又相互矛盾。传统空调的能源消耗巨大的主要原因在于空调系统将整个室内环境的空气都进行加热或者制冷到一个绝大多数人感到舒适的温度。而其中像房间上半部分以及一些角落等房间内不经常使用或者不会被使用到的区域，也都被空调系统加热或制冷至和人经常活动的区域一样的温度，这就导致了大量的不必要能耗。为了节省能源，设计师们往往会对一些高大建筑，例如：体育馆、音乐厅、工厂、戏剧院等进行分区或者分层空调系统设计。但是，一般的居住或者商业建筑层高往往普遍较低，分区或者分层空调系统在此类建筑中并不适用。个性化工位通风是在理论上能够实现热舒适的同时又节约能源的一种通风方式，通过改变局部热环境从而满足人员舒适性的要求（图12-10）。现有实验研究表明，个性化工位送风存在节能方面的潜力。

个性化工位送风可以实现局部热环境参数的个性化调节，具有改善空气品质、提高人员热舒适和满意程度、节约能耗等优点。该项目采用个性化工位送风系统，控制办公楼宇内人员工位的微环境，在满足人员对空气品质和热舒适需求的基础上，尽可能降低通风空调系统的能耗。

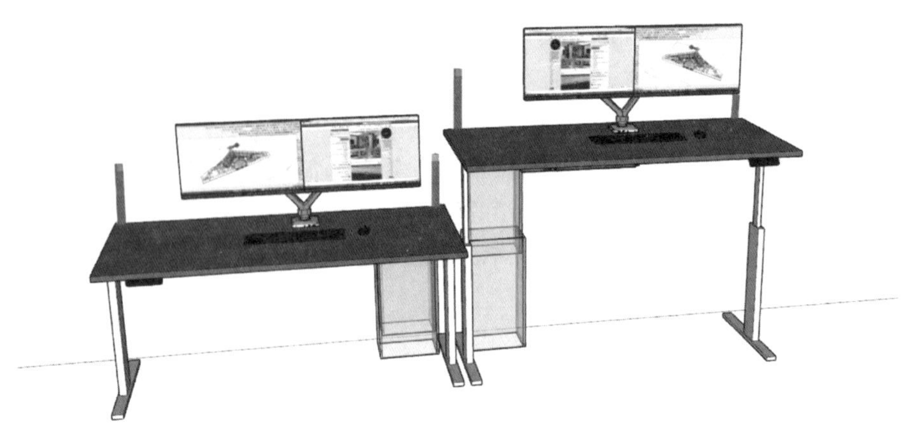

图 12-10　个性化工位送风模型示意图

2. 动态控制夜间通风降温节能技术

该工程在通风设计时充分考虑了夏热冬冷地区的自然气候条件，对建筑室内及围护结构进行通风预冷（图 12-11）。预冷通风是当今建筑普遍采取的一项改善建筑室内热环境、节约空调能耗的技术。自然通风有利于减少能耗、降低污染，符合建筑可持续发展和绿色低碳的思想。

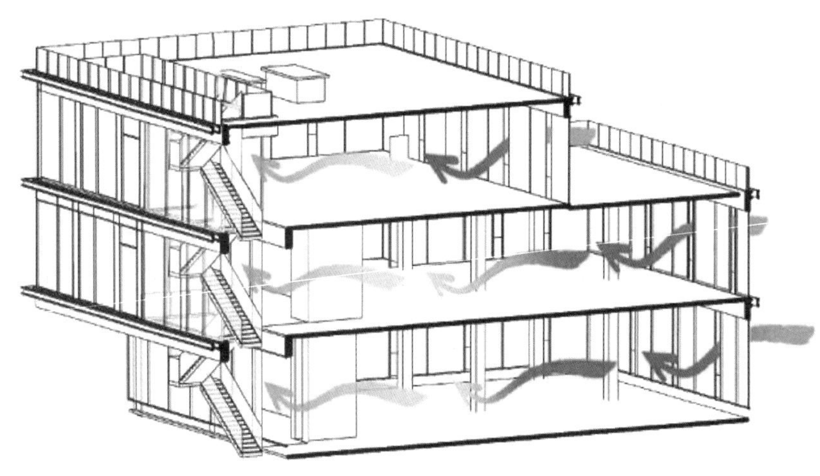

图 12-11　该项目通风示意图

采用机械通风和自然通风相结合的模式，动态控制，在白天工作时间段内应用自然通风和机械补偿通风的方式增强室内空间的通风效果，在非工作时间段内应用机械通风实现夜间新风预冷围护结构。

整个通风的控制由智能启停控制器实现，如图 12-12 所示。

在工作时间段和非工作时间段设置两套控制方法。通过智能启停器控制卷帘开关、楼道风机启停和空调启停，为了保证自然通风的效果，仅在室外温度小于 28℃且室内高于室外 3℃以上时才仅使用自然通风，在室内高于室外 0～3℃之间时使用机械通风补偿自然通风，在室内低于室外但未超过 28℃时不通风也不开启空调，当都不满足时启动空调。在非工作时间段内，由于不需要考虑室内舒适，从围护结构蓄冷效率考虑当室外低于 26℃时进行机械预冷通风，否则将不通风。

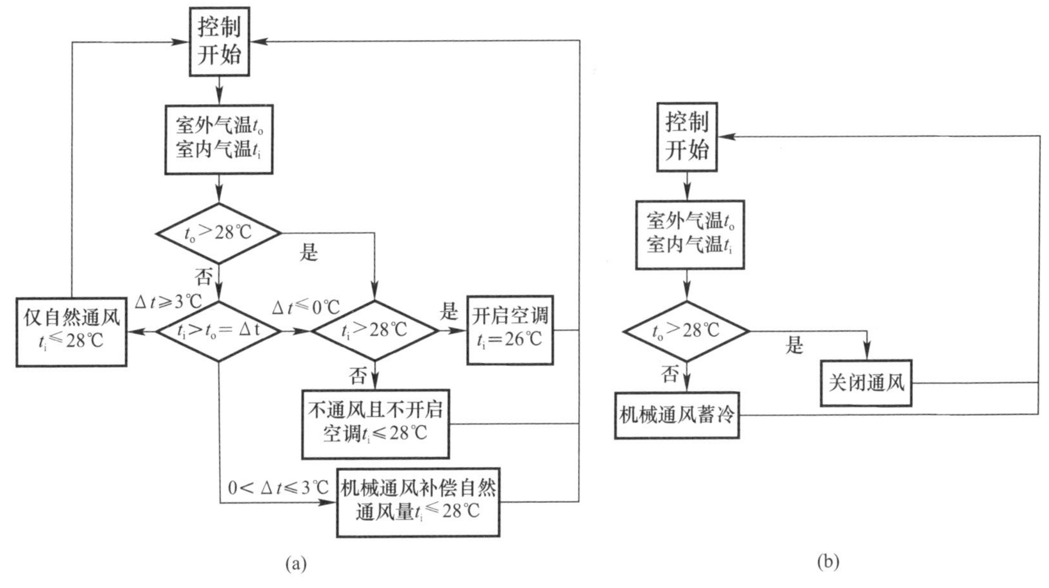

图 12-12　通风智能控制逻辑

（a）工作时间段；（b）非工作时间段

12.2.3　可再生能源利用技术

该项目中，在屋顶和周边建筑屋面安装太阳能光伏电池，在 2 个区域布置光伏组件，采用峰值输出功率为 595kWp 的单晶硅组件，面积约 490m^2，项目光伏装机容量 125kWp，太阳能光伏电池组件阵列将太阳能转换输出的电能，直接用于整个项目的用电，减少传输损耗。采用“分区发电、分区并网”方案，屋顶作为一个发电区域。逆变器把直流电逆变成 400V 交流电后接入就近的变压器低压侧，实现并网。结合现场条件，采用 380V 并网。逆变器出线经过并网箱分别接入 B 区、C 区自身的电箱内，项目拟有 2 个点接入电网系统（图 12-13）。

(a)

(b)

图 12-13　太阳能光伏技术应用

（a）C 区光伏屋面；（b）B 区光伏屋面

12.3 精细化施工

12.3.1 设计施工一体化模式

1. 土建装修一体化设计

该项目所有区域都采用土建装修一体化设计，对土建设计、机电设计和装修设计统一协调，在土建设计时充分考虑建筑空间功能改变的可能性及装饰装修（包括室内、室外、幕墙）、机电（暖通、电气、通风、工位送风）设计的各方面需求，事先进行孔洞预留和装修面层固定件的预埋，避免在装修时对已有建筑构件打凿、穿孔。这样既可减少设计的反复，又可以保证设计质量，做到一体化设计。同时，采用 BIM 技术在土建和装修的施工阶段进行了深化设计，整合各专业深化设计模型，预先发现各专业的碰撞，提前解决各专业交叉作业的碰撞和空间预留不足等问题，尽力实现土建施工后装修施工的零变更。

2. 土建装修一体化施工

该项目所有区域也采用土建装修一体化施工，提前让机电、装修施工介入，综合考虑各专业需求，避免发生错漏碰缺、工序颠倒、操作空间不足、成品破坏和污染等后续无法补救的问题。在施工过程中，由墙材公司统一组织建筑主体工程和装修施工，按照图纸进行材料购买和施工。在选材和施工方面，也尽可能地采取工业化制造、具备稳定性、耐久性、环保性和通用性的设备和装修装置材料，从而在工程竣工验收时室内装修做到一步到位，避免破坏建筑构件和设施。

12.3.2 专项施工技术

该项目采用的示范技术方案施工技术简便，在施工方面无特殊要求。仅制冷涂料、通风技术在施工时应满足以下要求。

1. 制冷涂料

(1) 作业条件

涂刷前基底完全干燥，含水率不大于 10%，pH 不大于 10，相对湿度不大于 85%，气温不低于 10°的条件下方可施工。基层不应有开裂、掉粉、起砂、起壳、空鼓、剥离、爆裂点等缺陷。

(2) 工艺流程

墙面基层处理→修补墙面→高压无气喷涂制冷涂料→喷涂超双疏罩面层。

(3) 施工工艺

涂装工程的基底必须平整、清洁，无尘土、油污、溅浆和霉点等污染物。若发现有上述附着物，应用铲刀、钢丝刷、砂纸、洗涤剂等除去，再用高压气枪或高压水冲洗干净，干透后方可进行涂装。墙面处理后应尽快施工，以免重新污染。

制冷涂料出现沉淀为正常现象，使用前视施工情况可加 5%～10%的清水稀释，并充分搅拌均匀，但不要高速搅拌。制冷涂料需以每遍不低于 200μm 的湿膜厚度涂 3～4 遍，具体遍数甲方根据现场情况提供指导，要求涂刷均匀，无漏刷、无堆积、无透底现象。

2. 通风技术

施工前施工技术管理人员需认真熟悉设计文件，理解设计意图，将施工技术问题解决在图纸阶段，向施工人员进行施工交底，严禁无技术管理的放任施工。安装施工方应配合并确认土建施工墙体、楼板、屋面留洞，并做好相关预留预埋工作，以免错漏造成返工。通风设备、管道安装时各工种应综合协调，避免出现不必要的返工。墙面的空调通风口应结合现场情况设置防雨罩，设备外壳应具有较强的耐候性、抗腐蚀能力。通风设备等本体噪声大且与噪声要求较高场所临近的区域的围护结构内表面应做吸声、隔声处理。

采用工位送风的区域，在进行风管安装和送风口开口前务必核实工位的适宜标高，避免出现不必要的返工。

12.4　工程运行效果

12.4.1　运行调试情况

为提高能源利用的综合效率及舒适性，空调系统采用温湿度独立控制系统，冷源采用高低温双冷源；处理夏季室内显热冷负荷采用集中高温冷源，处理夏季湿负荷的冷源采用分散式冷源；冬季的空调热负荷由集中热源提供。

该工程的供暖制冷除湿控制方式采用分时分区控制方法。通过开展净零能耗建筑能源系统中空调系统调适研究，依托该项目提出净零能耗办公建筑系统末端分时分区优化控制策略，完成了办公建筑供暖制冷末端优化控制的系统设计。分时分区控制系统不但可以实现对分时分区调节区域负荷的自动控制，而且能及时将冷热负荷的变化情况上传到系统的负荷输出端，末端通过自我调节或人工调节后能精确地匹配末端负荷。分时分区控制系统由以下几个部分组成：集中监控中心、分时分区控制箱、电动调节阀、电动调节阀执行器、室内（外）温湿度传感器。

采用机械通风和自然通风相结合的模式，并辅以自动动态控制，在白天工作时间段内应用自然通风和机械补偿通风的方式增强室内空间的通风效果，在非工作时间段内应用机械通风实现夜间新风预冷围护结构，从而降低冷负荷达到节能的效果。项目提出了一种以室外温度为控制变量的自然通风与空调耦合运行控制方法，即混合模式，并给出了自然通风与空调耦合运行调控模型。通过调查测试和数值模拟，得到了自然通风与空调相互转换时的室外温度条件及最佳自然通风与空调耦合运行模式，为其应用提供理论参考。

按照第12.2.2节的通风控制方式，经过调适，供暖制冷系统、新风系统均能正常工作，结合实际的用电统计数据，从该系统投入运行开始到目前为止，可节省10%左右的空调能耗。另外，气温和湿度等数据可以传输至总控制台，总控制台可根据室内外气温判断是否发出通风机的指令，满足实际使用要求。

12.4.2 单项技术运行效果分析

1. 高性能高耐久围护结构技术

对建筑窗墙面积比进行优化控制，使窗墙面积比为 0.5 左右，对多余的玻璃幕墙部分采用高效的新型材料——挤塑石膏复合板进行覆盖，对优化前后的建筑能耗进行分析对比。根据模拟结果可知（表 12-4），窗墙面积比为 0.8 时，建筑全年的供暖能耗和空调能耗分别为 9.20kWh/(m^2 • a)、25.35kWh/(m^2 • a)，全年能耗为 34.55kWh/(m^2 • a)。窗墙面积比为 0.5 时，建筑全年的供暖能耗和空调能耗分别为 8.50kWh/(m^2 • a)、22.30kWh/(m^2 • a)，全年能耗为 30.80kWh/(m^2 • a)。

不同窗墙比下的能耗模拟结果 **表 12-4**

能耗	窗墙面积比=0.5	窗墙面积比=0.8
供暖能耗 [kWh/(m^2 • a)]	8.50	9.20
空调能耗 [kWh/(m^2 • a)]	22.30	25.35
合计	30.80	34.55

2. 光谱选择性透明围护结构

项目采用三银中空 Low-E 玻璃充氩气外窗，提高围护结构夏季隔热性能的同时也保证了室内通过透明围护结构得热，大幅降低空调负荷。利用处于同气候区的湖南大学的建筑智慧能源实验室进行测试，选取了两个条件高度一致的实验房间对普通中空玻璃（OIG）和三银中空 Low-E 中空玻璃（TSIG）开展对比实验。

（1）窗户内外侧温度整体分布情况

对于两类中空玻璃外窗（OIG 和 TSIG）而言，其内表面温度对于室内温度的扰动、室内热舒适性以及空调能耗等有显著影响。因此就玻璃内表面温度分布而言，无论是在太阳辐射较弱的阴天还是在太阳辐射较强的晴天，TSIG 均明显比 OIG 低，这进一步说明 TSIG 在夏热冬冷地区具备应用优势。

（2）室内空气温度分布

无论是房间代表点位置处的黑球温度分布，还是室内水平方向和垂直方向上的空气温度分布，TSIG 窗户所对应的测试房间整体性能均优于 OIG 窗户所对应的测试房间。因此，TSIG 窗户所对应的房间具备更好的热环境，该房间的热舒适性水平更优。

（3）空调能耗

由于 TSIG 窗户具有低透射率、高吸收率和高反射率特点，阻挡了大量的太阳辐射进入室内，在夏季减少了房间内的冷负荷，与 OIG 窗户相比，安装 TSIG 窗户的房间制冷能耗减少 77.03%；同时，在冬季则导致了室内热负荷的增加，制热能耗比 OIG 窗户房间高出 69.84%。由于成都属于夏热冬冷气候区，实验测试房间所在南向立面具有很大的窗墙面积比，且内部热负荷很小，因此制冷能耗在全年能耗中占主导地位。对比两种窗户所在房间的全年能耗，安装 TSIG 窗户可以减少 34.85%的空调能耗。总体来说，对于夏热冬冷等以制冷能耗为主的气候区，使用 TSIG 窗户可显著降低全年空调能耗。

3. 建筑制冷涂料

建立模型对分别涂刷制冷涂料（辐射型反射隔热）和普通反射隔热涂料的测试房间的外墙表面温度进行了模拟，模型房间按办公类型设置，在全天不开启空调的情况下，模拟获得涂刷制冷涂料（辐射型反射隔热）房间和涂刷普通反射隔热涂料房间的外面表面温度。

（1）外表面温度

由图 12-14 可知，具有高反射率和高发射率的制冷涂料（辐射型反射隔热）在夏季的降温效果更加明显，通过将 90%以上的太阳辐射热反射出去，剩余的小部分热量也因涂料在 2500～25000nm 范围内具备很高的发射率，特别是在大气窗口 8000～13000nm 的波长范围内，具有 96%的发射率，能全天候与大气层外绝对温度约为 3K（－270℃）的外太空进行源源不断的热交换，将热量辐射出去，使其表面温度低于室外空气温度。

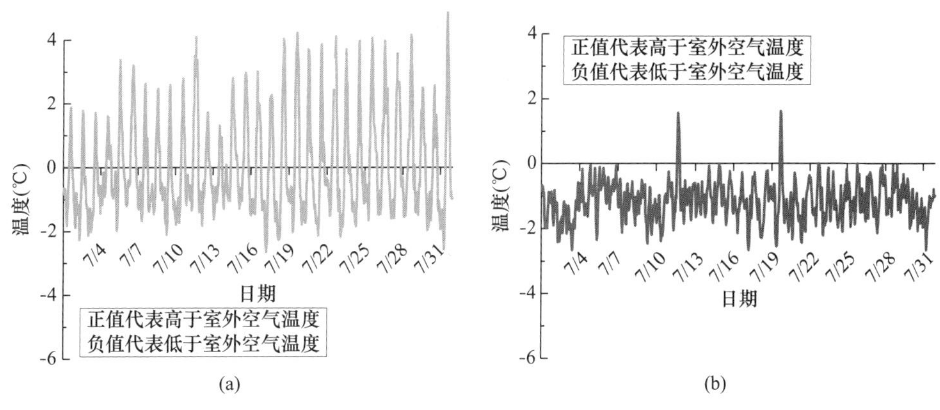

图 12-14 外表面温度与空气温度的差值

（a）普通反射隔热涂料；（b）制冷涂料（辐射型反射隔热）

（2）夏季空调能耗

使用以上模型分别对涂刷制冷涂料（辐射型反射隔热）和普通反射隔热涂料的测试房间的夏季空调能耗进行了模拟，模型房间按办公类型设置，空调模型的控制温度按照办公建筑设置，开启空调时间为 8：00～21：00，获得了涂刷制冷涂料（辐射型反射隔热）房间和涂刷普通反射隔热涂料房间的夏季空调能耗，如图 12-15 所示。涂刷制冷涂料（辐射型反射隔热）房间和涂刷普通反射隔热涂料房间夏季耗冷量分别为 156.06kWh 和 189.72kWh。

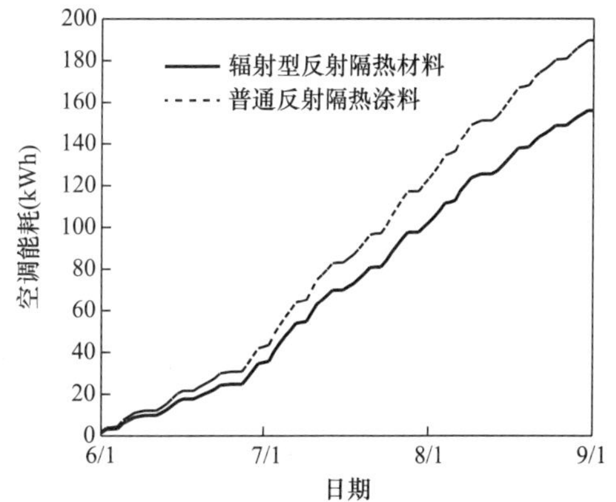

图 12-15 夏热冬冷地区（成都）不同涂料房间空调能耗

使用辐射型反射隔热涂料，可有效降低该地区建筑的制冷空调能耗。从图 12-15 中可以看出，采用性能较优的辐射型反射隔热涂料，与采用普通反射涂料相比可节省的夏季供冷空调能耗为 17.7%。可见，提高围护结构外表面的反射率以及发射率在夏季能够持续降低建筑空调的能耗。

（3）全年空调供暖能耗

按照以上模型分别对涂刷辐射型反射隔热涂料和普通反射隔热涂料的测试房间的全年空调供暖能耗进行了模拟，各项模拟参数设置同上。获得涂刷辐射性反射隔热涂料房间和涂刷普通反射隔热涂料房间的全年空调供暖能耗，如图 12-16、图 12-17 所示。

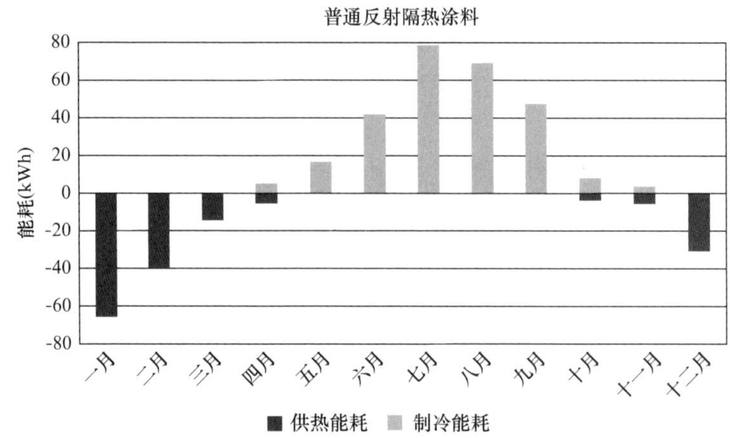

图 12-16　夏热冬冷地区（成都）涂刷普通反射隔热涂料房间空调供暖能耗

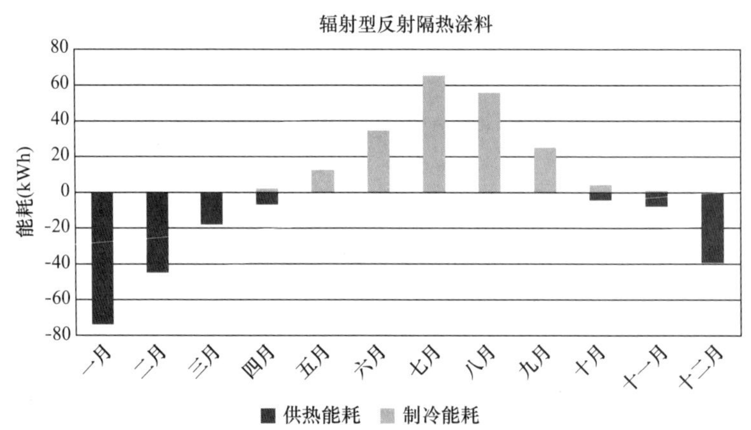

图 12-17　夏热冬冷地区（成都）地区涂刷辐射型反射隔热涂料房间空调供暖能耗

由模拟结果可知，涂刷普通反射隔热涂料房间的全年耗冷量和耗热量分别为 271.70kWh 和 166.11kWh，全年能耗为 437.81kWh，涂刷辐射型反射隔热涂料房间的全年耗冷量和耗热量分别为 201.91kWh 和 184.96kWh，全年能耗为 386.84kWh。辐射型反射隔热涂料可以减小室内冷负荷，降低能耗，而冬季使用辐射型反射隔热涂料则会增加室内热负荷，提高能耗，全年制冷能耗减少 25.7%，全年供暖能耗增加 11.3%，夏季节约的能耗大于冬季增加的能耗，从全年来看，全年可节省空调供暖能耗 11.7%。总体来说，对于夏热冬冷等以制冷能耗为主的气候区，使用辐射型反射隔热涂料可显著降低全年空调能耗。

4. 个性化工位送风技术

选定传统气流组织形式中典型的上送下回送风方式与个性化工位送风进行对比，考虑不同气流组织形式人员工作区温度、风速等环境参数的差异，确定不同气流组织形式对人员热舒适以及能耗的影响。

对于不同气流组织形式下的风口能耗，进行比较。计算公式如下：

$$Q = c \cdot \rho \cdot v \cdot s \cdot \Delta t \tag{12-1}$$

式中　c——空气的比热容，当 $t=30$℃时，$c=1.401$kJ/(kg・℃)；

ρ——空气的密度，当 $t=30$℃时，$\rho=1.165$kg/m^3；

v——风口出风速度，m/s；

s——风口面积，m^2；

Δt——送风温度与室内温度的差值,℃。

不同气流组织形式能耗对比　　表 12-5

气流组织形式	风口面积（m^2）	风速（m/s）	温差（℃）	能耗（kJ）
上送下回	0.02	0.5	4	0.065
上送下回＋个性化送风	0.02	0.5	2	0.057
	0.005	0.5	6	

由表 12-5 可知，上送下回形式送风温差较大为 4℃，上送下回＋个性化工位送风形式中，上送风的温差较小为 2℃，个性化送风的温差较大，为 6℃。相较于只采用上送下回形式，采用上送下回＋个性化工位送风形式的风口能耗更低，可降低约 12.5%。

5. 动态控制夜间通风降温节能技术

采用通风降温节能技术后，7 月某典型天的温度逐时分布如图 12-18 所示。由图 12-18 可知，在 7：00 换气次数为 2h^{-1}比不通风降低 1.5℃左右，而且在上午可将空调的启动时间延后 1～2h。在傍晚空调关闭后，室内温度迅速上升，但不通风的房间上升速度较快，并在晚上 20：00 左右达到最高温度，不通风房间的最高温度比换气次数为 2h^{-1}高了约 0.8℃。

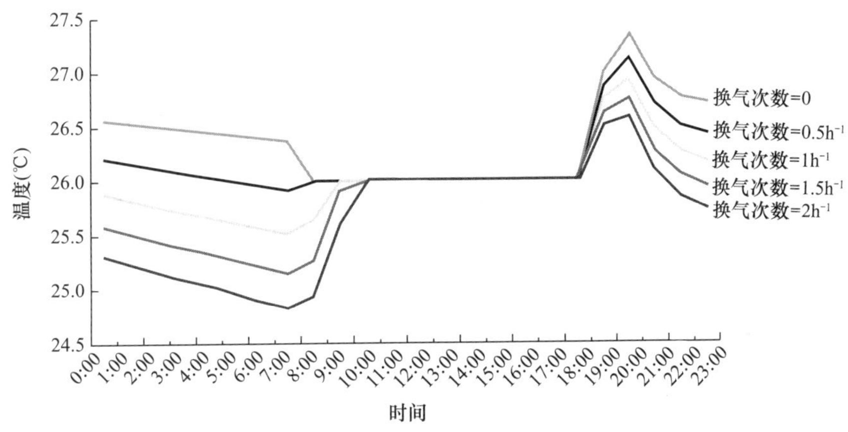

图 12-18　7 月某典型天的温度逐时分布

图 12-19 显示的是 7 月某典型天的制冷负荷逐时分布，由图可知，通风后大幅降低了空调的运行负荷。当不通风时，空调在上午 8：00 开始启动，通风时空调的启动时间被延后，当换气次数为 $2h^{-1}$ 延后至 10：00，此时空调负荷分别为 $43.4W/m^2$、$36.8W/m^2$、$30.1W/m^2$、$23.6W/m^2$ 和 $15.5W/m^2$，负荷最多降低了 64%。

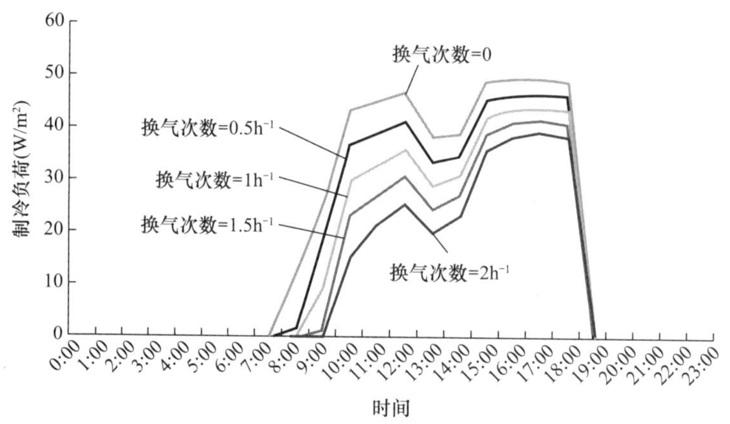

图 12-19　7 月某典型天的制冷负荷逐时分布

图 12-20 显示的是全年制冷能耗与换气次数的关系。当换气次数达到 $2h^{-1}$时，通风预冷的节能量为 40.9%，换气次数为 $1h^{-1}$时节能率为 27.1%，证明了采用预冷通风技术可大幅降低建筑能耗。

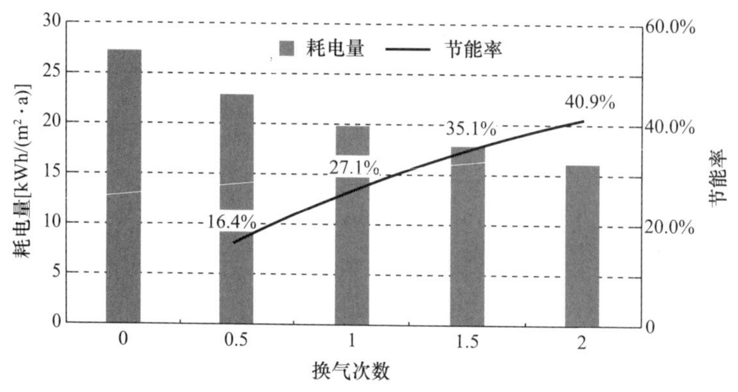

图 12-20　全年制冷能耗与换气次数的关系

综上所述，预冷通风技术在成都具有非常大的节能潜力，即使在室外无风的情况下，通过机械通风的方式引入室外冷空气依然具有非常可观的节能潜力。

6. 太阳能光伏技术

该项目位于成都市天府新区，成都全年日照时数 914h，项目所在地太阳能年总辐射量 $3564.0MJ/m^2$。光伏方阵在 $1000W/m^2$ 太阳辐射强度下，实际的直流输出功率与标称功率之比为光伏方阵效率。光伏组件转换效率为 16.0%～20.0%，光伏发电工程总效率为 83.7%～91.8%、该工程组件转换效率按 18%、系统总效率按 85%取值。

$$E_p = H_A \times S \times K_1 \times K_2 \tag{12-2}$$

式中 H_A——倾斜面太阳能总辐照量，kWh/m^2；

S——组件面积总和，m^2；

K_1——组件转换效率，%；

K_2——系统综合效率，%。

由式（12-2）可知，该工程光伏发电系统全年发电量约 10.6 万 kWh。

12.4.3 综合能耗效果分析

在模拟计算方面，选择数值模拟软件 EnergyPlus，通过状态空间法来对被测物的负荷展开计算，对建筑的供暖、制冷、照明、通风以及其他能源消耗进行全面能耗模拟分析。

利用 EnergyPlus 模拟软件计算得到该项目的单位面积年耗电量，如表 12-6 所示。该工程按照净零能耗公共建筑能效指标进行比较与分析，计算建筑耗电量指标时综合考虑了供暖能耗、空调能耗、新风设备能耗等。

设计建筑单位面积年耗电量 **表 12-6**

能耗类别	设计计算值 [kWh/(m^2 · a)]	目标值 [kWh/(m^2 · a)]
供暖能耗	8.50	40
空调能耗	22.30	
合计	30.80	40

同时对建筑的综合能耗进行模拟分析，建筑综合能耗为 51.20kWh/(m^2 · a)，全年耗电量约 10.6 万 kWh（表 12-7）。

设计建筑单位面积年耗电量 **表 12-7**

能耗类别	设计计算结果 [kWh/(m^2 · a)]	目标值 [kWh/(m^2 · a)]
供暖能耗	8.50	40.0
空调能耗	22.30	
通风能耗	3.3	—
照明能耗	11.6	—
其他能耗	5.5	—
合计	51.20	55.0

根据《近零能耗建筑技术标准》GB/T 51350—2019 的规定，建筑综合节能率指的是设计建筑和基准建筑的建筑能耗综合值的差值与基准建筑的建筑能耗综合值的比值。通过能效指标计算参数设置，可以得到设计建筑和基准建筑的能耗综合值（不含可再生能源利用量）分别为 133.12kWh/(m^2 · a) 和 190.56kWh/(m^2 · a)。设计建筑的建筑本体节能率为 30.14%，大于《近零能耗建筑技术标准》GB/T 51350—2019 中建筑本体节能率≥20%的约束性指标（表 12-8）。

建筑本体节能率　　　　表 12-8

类型	基准建筑	示范项目
建筑能耗综合值 （不包括可再生能源）	190.56kWh/(m²·a) [73.29kWh 电/(m²·a)]	133.12kWh/(m²·a) [51.20kWh 电/(m²·a)]
建筑本体节能率	30.14%	

该工程单位面积发电量为 51.00kWh 电/m²，全年耗电量 10.6 万 kWh。由此可得，该工程建筑综合节能率为 100%，大于《近零能耗建筑技术标准》GB/T 51350—2019 中建筑综合节能率≥60%的约束性指标，建筑实现净零能耗（表 12-9）。

建筑综合节能率　　　　表 12-9

类型	基准建筑	示范项目
建筑能耗综合值 （包括可再生能源）	190.56kWh/(m²·a) [73.29kWh 电/(m²·a)]	0.0kWh/m²·a [0.0kWh 电/(m²·a)]
建筑综合节能率	100.00%	

12.5 工程总结与亮点

该工程以夏热冬冷地区气候与技术适用性优先为导向，基于地域文化特征和地域环境条件，融合建筑、结构、机电、信息化、建筑物理等专业，进行净零能耗建筑技术集成体系研究。项目重点研究适宜夏热冬冷地区的高性能高耐久围护结构技术、建筑制冷涂料应用技术、办公室工位送风节能调控技术、动态控制夜间通风降温节能技术等，并在项目中进行示范应用。

（1）高性能高耐久性围护结构技术。研究了不同材料热工性能、保温和隔热构造措施等，实现“理想化”围护结构。建筑的干挂外墙采用 120mm 厚岩棉保温，对冷热桥等细部节点也进行专门处理，围护结构满足《近零能耗建筑技术标准》GB/T 51350—2019 的要求。采用挤塑石膏复合板，对过量的透明围护结构进行覆盖，对窗墙面积比进行优化。

（2）光谱选择性透明围护结构。把透过玻璃幕墙热辐射作为控制夏季建筑空调能耗的关键，通过透明围护结构对于不同波长的吸收率、透过率的不同，根据自身的需要选择最佳玻璃特性对光谱进行选择性吸收。项目采用具有光谱选择性的三银 Low-E 中空充氩气玻璃窗，具有优异的隔热性能，可显著降低全年空调能耗。

（3）建筑制冷涂料应用技术。结合夏热冬冷地区的气候特征，采用自行研发生产的具有高反射率和高发射率的制冷涂料，通过大量的测试，涂刷涂料后屋顶和外墙外表面温度全天候恒低于气温。

（4）低功耗个性化工位热环境调控。研究适宜的工位送风方式，有效改善热舒适环境，通过个性化的风口设置，在保证使用者舒适度的同时，还可以提高背景区空调的设定温度，进一步降低能耗。

（5）动态控制夜间通风降温节能。研究夏热冬冷地区夜间新风预冷相变围护结构蓄热技术，并探索与运行相结合的低空调能耗运行技术，降低空调运行能耗。结合成都的气候特点，项目采用机械通风和自然通风相结合的模式，并辅以自动动态控制，从而降低冷负荷，达到节能的目的。

（6）光伏应用技术。为使建筑达到“净”零能耗，可再生能源应用方面采用太阳能光伏技术。在示范建筑及周边建筑的屋面铺设 490m^2 光伏板，全年发电量可达到 10.6 万 kWh，主要用于建筑的照明、插座和空调以及其他机电设备耗电。

通过以上研究以及示范技术的应用，该工程实现了较低的运行能耗，另外利用太阳能光伏发电量的补充，很好地完成了研究目标。实现了以提高人居环境质量、清洁能源和降低碳排放目标为导向的绿色低能耗技术的集成和优化，适应夏热冬冷地区气候的净零能耗建筑性能设计方法与工程示范，使建筑物尽可能利用可再生能源，达到“净”和“零能耗”。

第 13 章　深圳建科院未来大厦 R3 办公建筑

13.1　工程概况

13.1.1　工程基本情况

该项目位于深圳市龙岗区的深圳国际低碳城核心启动区内。项目由深圳市建筑科学研究院股份有限公司（简称深圳建科院）投资建设，总投资约 7 亿元，总建筑面积 6.29 万 m^2，整体采用钢结构模块化的建造方式，包括办公、会展会议、实验室、专家公寓等多种业态。

建筑功能布局主要分为 5 大部分，包括地下室、10.5m 以下的社区层、研究楼、公寓楼以及中间的连接体。其中建筑主体部分 R 楼和 B 楼，由 7 个模块组成，每个模块约 5000m^2。R 楼主要有 R1 楼定制实验室、R2 楼都市农业实验室、R3 楼零碳实验室组成，B 楼主要功能空间自下而上有社区和创客活动、创客办公、青年公寓、专家工作坊四部分。未来大厦建筑主体主要功能区划分及对应楼栋编号如图 13-1 所示，东立面如图 13-2 所示。

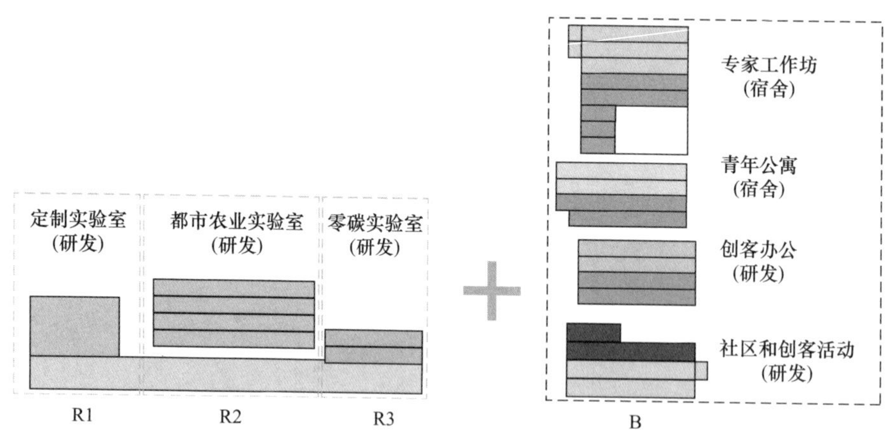

图 13-1　项目建筑主体主要功能区划分

13.1.2　净零能耗建筑技术路线

1. 项目定位

项目整体定位为绿色三星级建筑和夏热冬暖地区净零能耗建筑（Net Zero Energy

Building）。通过采用强调自然光、自然通风与遮阳、高效能源设备及可再生能源与蓄能技术集成的“光储直柔”的技术路线，探索建筑领域碳达峰路径（图 13-2）。该示范项目于 2016 年备案立项，2017 年完成施工图设计和审查，于 2018 年启动工程建设，目前项目整体已经结构封顶，正在进行相关机电设备安装，计划 2022 年年底全部竣工。其中，未来大厦 R3 零碳模块（建筑面积 6259m^2）已于 2019 年年底完工，目前已投入科研使用，已投用部分在 2020 年 10 月～2021 年 9 月实测得到的单位面积能耗为 48.27kWh/m^2。由于未来大厦目前尚在建设和调试过程中，只是研发人员先期入驻开展相关测试与实验，这个能耗值也并不能完全说明问题。

图 13-2　未来大厦东立面视图

（郑玉民摄影）

2. 示范工程研究目标

为了探索夏热冬暖地区建筑节能的实施路径，实现绿色、低碳、高效的建筑技术发展与创新，研究“净零能耗建筑”关键技术的综合应用可行性和方案并进行工程示范，主要开展了以下五个方面的研究：（1）建筑工业化建造技术应用研究；（2）基于可再生能源和分布式能源的需求响应式能源供应系统；（3）直流供电建筑与智能微网整合应用研究；（4）室内外健康环境控制技术应用研究；（5）夏热冬暖地区“净零能耗建筑”关键技术综合性工程示范。以期解决我国夏热冬暖地区“净零能耗建筑”关键技术问题，通过工程示范在夏热冬暖地区创新建设模式，实现功能空间和资源供需的匹配，达到建筑全过程最低资源消耗和健康的室内环境营造，提升夏热冬暖地区建筑节能技术水平。

项目设计目标为净零能耗建筑，预期实现建筑年综合能耗指标：项目整体能耗水平为 40kWh/m^2，R3 模块能耗水平为 31kWh/m^2。

3. “净零能耗”的总原则

未来大厦示范项目的主要技术点在于：如何真正实现净零能耗及如何最大化利用可再生能源。

目前世界各国的“零能耗建筑”定义内涵不尽相同，但其共同点为：关注的是年度能源总量平衡，即“年可再生能源产能量与年建筑用能量的平衡”，没有考虑可再生能源产能与建筑用能在时间尺度的不同步性对能源供需平衡的影响以及相应的技术措施。

以办公建筑为例，在工作日办公建筑用电高峰时段，由于建筑终端可再生能源发电不足以满足全部用电负荷需求，需要从电网购买电量，但此时也是电网供电高峰时段，为满足高峰时段用电负荷，需要新建调峰电厂和输配电网设施，无疑将增加能源供应和输配系统的总投资；在休息日办公建筑用电低谷时段，建筑终端可再生能源发电远大于终端用电负荷需求，需要向电网出售可再生能源电量，但此时也是电网供电低谷时段，电网往往并不需要这部分电量，这实质上相当于把终端用户需要承担的调节供需平衡的投资全部转嫁给发电厂和电网来承担，而这部分投资最终会通过向终端用户收取电费的方式来回收。同时，为了维持电网的安全、可靠、稳定运行和经济性，电网通常会限制终端可再生能源电力上网比例，这样终端多余的可再生能源发电会被弃用，导致无法实现真正的“零能耗建筑”。

由此，要实现真正的“零能耗建筑”，不仅要求场地内要有足够大的面积安装太阳能光伏板，使得年光伏发电量等于年建筑用能量，而且必须增加大容量的储能系统来储存多余的光伏发电量。在当前的技术条件下，达到上述要求非常困难。解决途径为：

（1）通过被动式建筑节能技术和高效主动式建筑节能技术，最大幅度降低建筑终端用能需求和能耗，使其建筑本体节能率不低于《近零能耗建筑技术标准》GB/T 51350—2019 的要求。

（2）充分利用场地内可再生能源资源（包括建筑本体和场地红线内的可再生能源，占终端用能量 50%以上），最大幅度降低建筑的常规能源消耗量，以最少的能源消耗提供舒适的室内环境。

（3）合理配置可再生能源和储能系统容量，大幅度降低常规能源峰值负荷，实现年购买的等效电量小于或等于建筑终端等效用电量的 30%，成为电网友好型的建筑负载。

4. 技术路线

围绕“净零能耗建筑”目标，以企业为主体，以示范为主线，结合示范工程开展技术产品、数据和机制的研究。采用包括基于示范工程的实际案例研究、基于现有监测数据和统计数据的量化研究、基于中外资料和数据分析的比较研究、基于现场测试和问卷调研的实证研究等研究方法，以实际能耗数据为核心指标，探索建筑节能发展目标和技术路径，探索推动一体化设计、施工与工业化建筑发展，提高数字化生产、运输、建造以及运营管理水平，从技术上实现夏热冬暖地区“净零能耗建筑”。同时，结合中美合作平台，与中方、美方企业委员会相关成员企业开展交流与合作，为示范工程建设提供必要的技术与产品支持。

综合考虑夏热冬暖地区的气候条件、建筑特点、能耗特点及技术经济水平，项目采用以下技术路线：

（1）通过被动式建筑节能技术，合理优化建筑布局、朝向、体形系数和功能布局，充分利用自然通风、天然采光、遮阳与隔热措施，适度提高围护结构保温及气密性，最大幅度降低建筑终端用能需求。

（2）通过主动技术措施最大幅度提高能源设备和系统效率，并结合智能控制技术，最大幅度降低建筑终端能耗。

（3）充分利用建筑场地内可再生能源，在降低建筑常规能源消耗总量和峰值的同时，合理配置储能系统，提高建筑对电网的友好性。

根据以上路径，结合需求响应策略，合理优化光伏与储能配置，可实现高比例可再生能源利用，大大降低市电峰值。

13.2 工程设计

13.2.1 被动式设计

由于夏热冬暖地区以夏季供冷为主的气候特点和南方地区开窗通风的生活习惯，自然通风技术是优先考虑的被动式节能技术。首先，通过建筑布局、朝向、体形系数和使用功能方面，参与气候的适应性设计，创造自然通风可能性；其次，在通风系统配置上考虑了新风运行模式，过渡季节能实现充分的自然通风。依据深圳市气象条件（图 13-3），1～5 月、10～12 月之间可采用自然通风或自然通风辅助部分机械通风的方式，不依赖空调制冷机达到室内舒适度，全年空调运行时间可减少两个月。通过自然通风设计能够满足舒适度要求时间占整个空调时段的 53%。

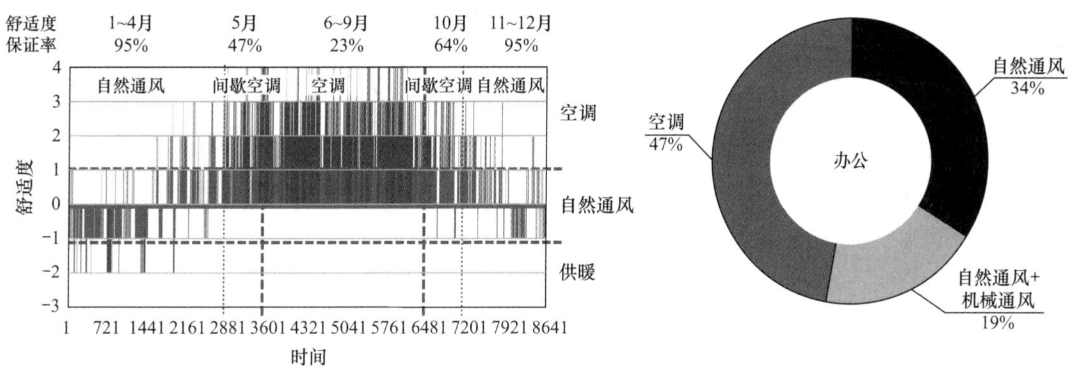

图 13-3 自然通风潜力评估

另外，夏热冬暖地区以夏季隔热遮阳为主，该项目在立面采用双层幕墙结构和多种可移动外遮阳形式结合，在满足遮阳效果的同时，灵活应对室内采光和通风需求，如图 13-4 所示。

13.2.2 一体化设计、施工成套技术应用

未来大厦在传统中创新，在高层办公大楼的框架内，探讨轻型次级构件与承重结构的配合可能，从而创造出可配合未来发展的新型灵活办公空间。设计并建造“未来立方”，作为 1∶1 的模型测试所提出的概念和创新技术，从中检视建造过程中所遇到的困难，并

真实体验设计的空间质量。2016 年 6 月，在未来立方完成测试模块建设，先搭建 9m×9m×9m 钢结构框架，再搭预制次级结构，如图 13-5 所示。同时，在建科大楼六层空中平台处，搭建次级结构测试房 V2.0 版，纯木结构，电梯运输，4 个工人 72h 完成主体搭建（7.2m×7.2m），如图 13-6 所示。

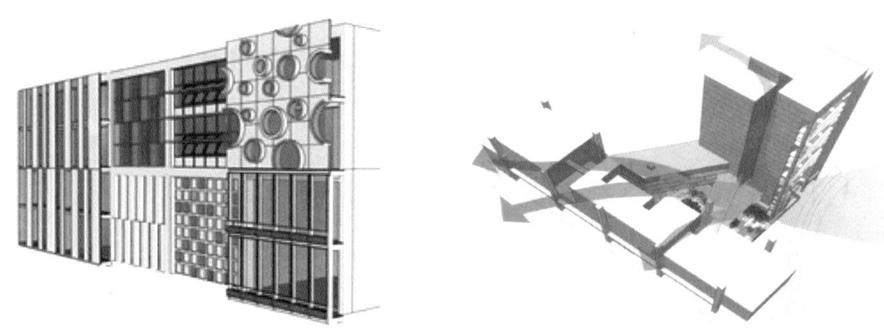

图 13-4　建筑双层幕墙和灵活外遮阳

图 13-5　未来立方建造过程实景照片

图 13-6　次级结构测试房 V2.0 版

13.2.3　可变空间设计

建筑空间的营造与建筑能耗和室内环境都具有一定的关联性，因此，需要合理营造公共空间。建筑内部空间设计应服务于使用需求，并根据建筑内部空间需求，如高性能空间、普通性能空间、高大空间等差异性，进行多样、灵活、适应需求变化的空间设计。

通过合理的被动式建筑设计，优化建筑空间布局，营造部分非空调空间、自然采光空间，有利于减少空调服务面积、减少照明灯具的开启时间，从而降低建筑能源需求和能源消耗量。同时，自然采光空间的营造，可以创造良好的室内采光和视野环境，提高室内光环境舒适度。

根据对多个办公空间关注度指标的调研，提出关注度较高的十项指标作为公共建筑空间设计指标。“十性”空间设计指标包括：（1）接近（Proximity）；（2）可见性（Visibility）；（3）个性化设定（Individual Setting）；（4）非正式互动（Informal Interactions）；（5）多样性（Variety）；（6）隐私和控制（Privacy and Control）；（7）灵活性（Flexibility）；（8）流通（Circulation）；（9）采光和视野（Daylight and View）；（10）设施（Amenities）。从单一的办公空间，根据需求和结构情况，改变空间构造，进行多样化、多功能、多规模的空间设计，让整个空间需求立体化起来。如图13-7所示。

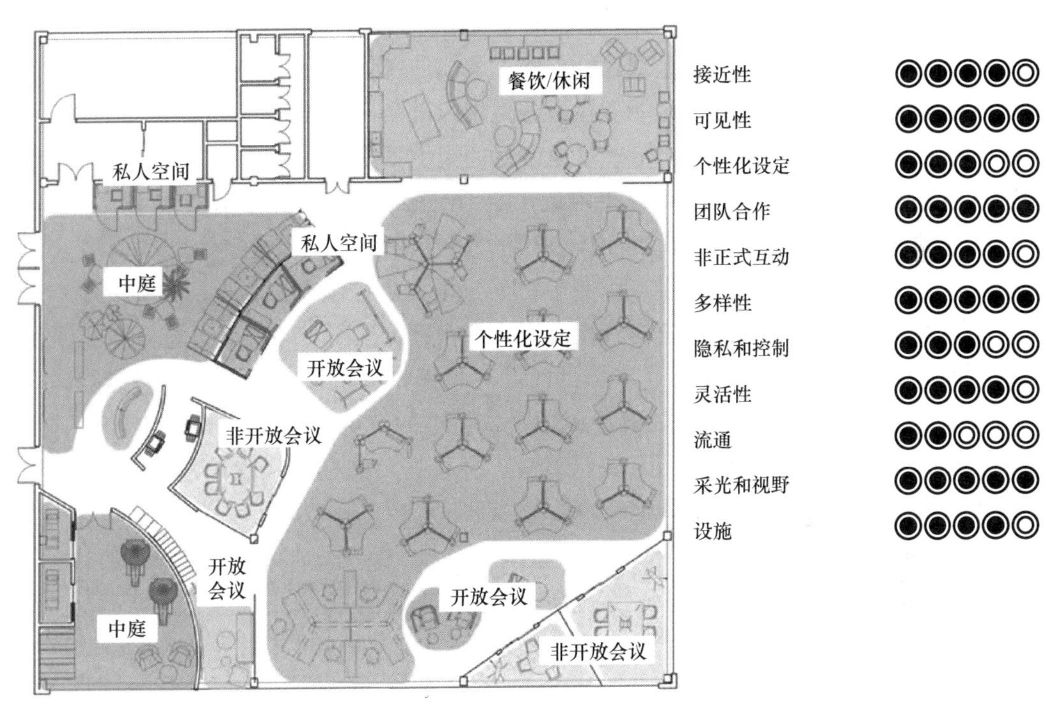

图13-7　多样化的“十性”空间设计

13.2.4　可再生能源利用技术

在可再生能源利用方面，通过屋顶满铺光伏的形式降低建筑一次能源消耗，并且配置储能电池，尽可能消纳光伏系统发电量。未来大厦配置了150kWp的光伏系统（图13-8），通过具备MPPT功能的直流变换器接入建筑直流配电系统的直流母线。由于建筑按照净零能耗建筑标准设计，采用了多种被动式节能措施，因此通过充分利用屋顶光伏，该建筑有望实现净零能耗，但前提是解决光伏负荷曲线和建筑用电负荷不匹配的问题。

图 13-8 未来大厦屋顶光伏

该项目储能配置总容量 300kWh，在储能配置形式方面，依据储能电池使用目的、负载运行特点，采用了集中和分散两种储能形式，电池储能系统分三个层级：第一层级是楼宇集中式储能，通过双向可控的储能变换器分别接入母线，属于维持母线电压稳定、光伏消纳等的能量型应用，采用了价格低、安全性好的集中式铅碳储能电池；第二层级是空调专用储能，分布在各楼层多联机室外机附近，协助空调负荷的调节并作为空调备用电源，属于削峰运行、动态增容等功率型应用，采用了能量密度大、放电倍率高的分散式锂电池；第三层级储能分散布置在末端，服务于 48V 配电网、控制系统和小功率直流电器。储能系统容量按照建筑用能的逐时负荷特性和光伏发电量的预测对储能配置容量进行了优化设计，如图 13-9 所示。该项目全年 80%的时间可以不依赖市政电网进行离网运行，全年建筑用电峰值负荷降低幅度达到 64%，屋顶光伏发电的自用率达到 97%，实现了可再生能源、直流和变频负荷的高效接入和灵活管理，并根据负载变化和需求提供高效、灵活、安全的供电功能。

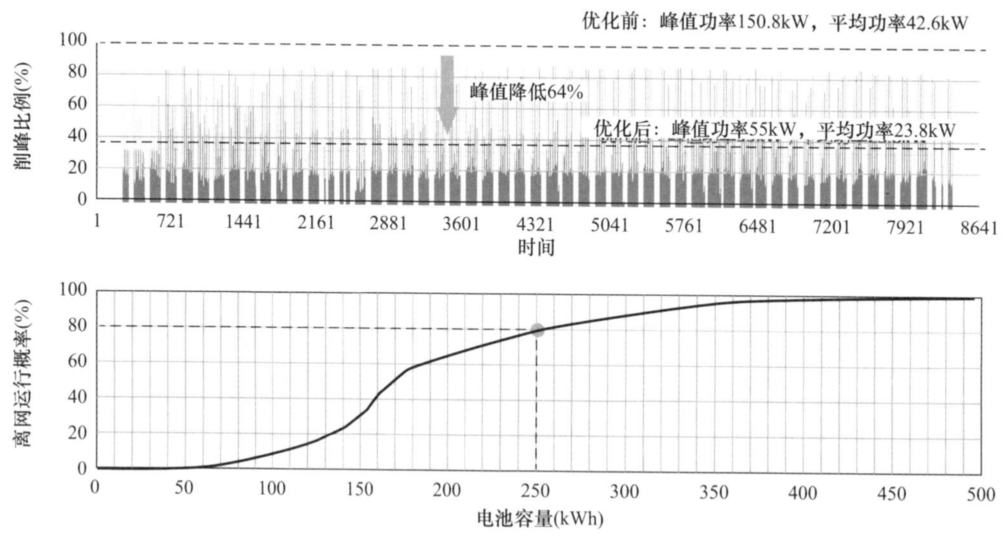

图 13-9 未来大厦储能系统配置分析

13.2.5　低压直流配用电系统

未来大厦直流配用电项目整体架构设计遵循简单、灵活的原则，力求通过最简洁的架构达到分布式能源灵活接入、灵活调度和安全供电的目的，系统整体架构如图13-10所示。直流负载总用电容量达到388kW，设备类型涵盖了办公建筑内除电梯、消防水泵等特种设备以外的全部用电电器，包括空调、照明、插座、安防、应急照明、充电桩，以及数据中心等负荷类型。通过集成应用"光储直柔"技术，建筑配电容量显著降低。如果按照常规商业办公楼的配电设计标准，至少配置630kVA的变压器容量。该项目对市政电源的接口容量仅配置了200kW直流变换器，比传统系统降低了50%，有效降低建筑对城市的配电容量需求。

项目采用了±375V和48V两种电压等级的直流配电系统，兼顾高效性和安全性的需求。系统架构采用正负双极直流母线形式，实现了建筑内一个配电等级提供两种电压等级的灵活配电方式，相应的电压等级在高压侧采用极间电压DC750V，中压采用DC±375V。充电桩、空调机组等大功率设备接入DC750V母线，DC±375V母线负责建筑内电力传输，楼层内采用DC+375V或DC−375V单极供电。

直流配电系统采用IT高阻接地形式，能够从本质上将人员的活动环境从电流的环路中剥离出来，即使人员无保护接触单极也不会形成电流回路。对于可能出现的第二个故障点接地问题，采用了成熟的直流母线绝缘监测系统（Insulation Monitoring Device，IMD），配合支路的剩余电流检测（Residual Current Detect，RCD），能够实现绝缘下降故障的报警和定位。

针对建筑室内用电安全要求高的特点，在人员活动区域采用了直流48V特低电压，从本质上保障了直流配电系统的安全性。直流48V特低电压配电主要覆盖人员频繁活动的办公区域，在满足设备供电需求的基础上，从根本上保障人员的用电安全，并且通过可变换的转接头，可以满足各种桌面办公设备的接入需求。各类常见的移动设备都可以方便地连接电源，用户几乎不用为各类移动设备携带各种电源适配器了（图13-11）。

通过采用直流48V特低电压，使强电和弱电系统紧密融合。一体化配电单元在实现375V转48V变压功能的同时，还内置了分布式控制系统的计算节点（CPN）实现建筑空间内设备分布式群智能控制。利用分布式控制系统快速组网的优点，在直流配电系统的所到之处，楼宇自控平台的节点硬件也随之配置，从而能够适应多变的建筑空间和使用功能（图13-12）。与此同时，控制策略可通过编写APP并下载执行，这为日后基于这套系统的功能拓展留下了空间。

13.3　工程运行效果

该项目投运后，从系统功能验证、电能质量、安全保护和系统能量损耗四个方面开展了测试和实验，以验证未来大厦直流配电系统在实际运行中功能和性能是否可以达到设计要求，并通过实际测量尽可能找出实际运行存在的问题，通过分析找到解决方案，为系统调适与直流建筑项目建设方法改进提供建议和经验。

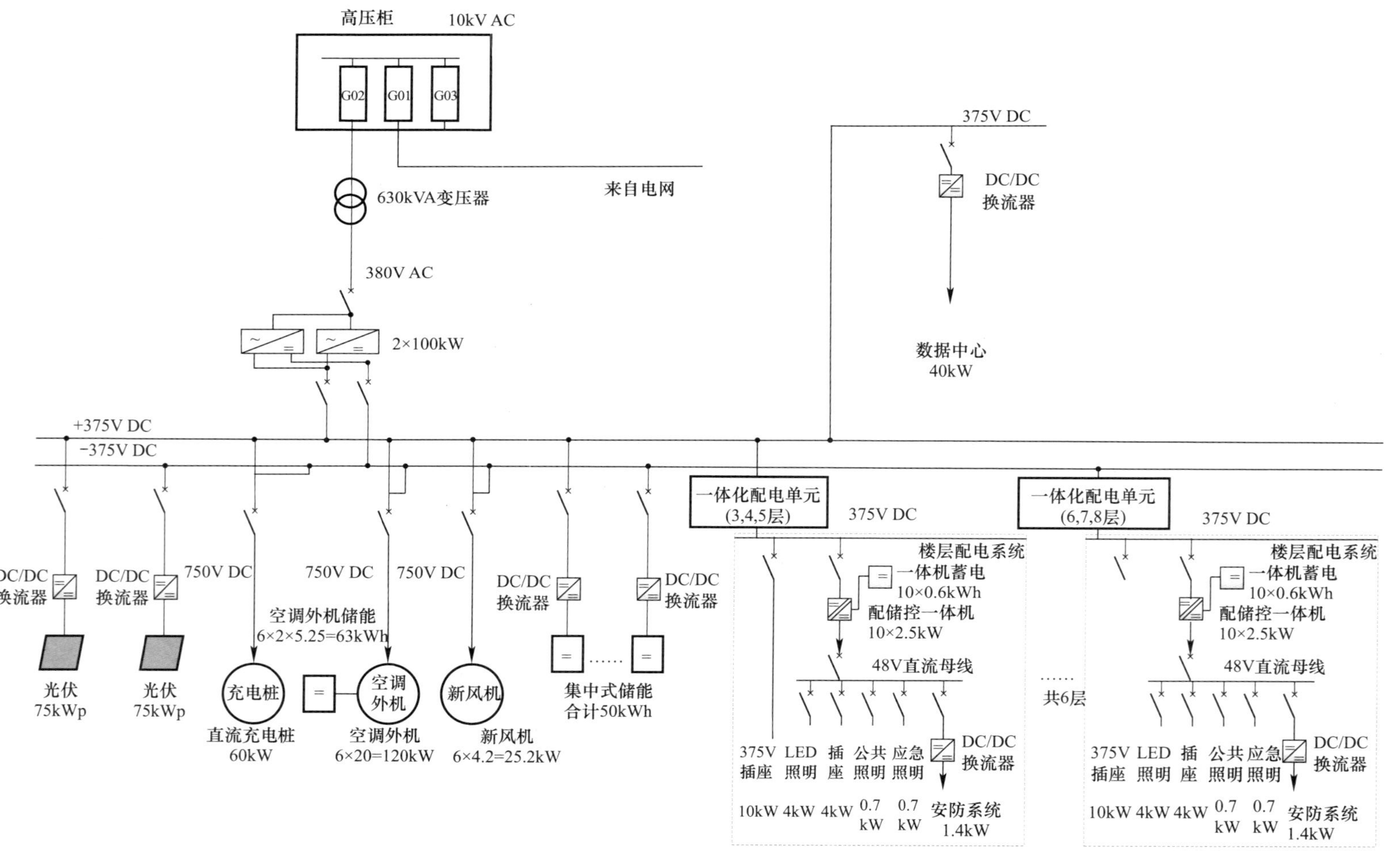

图13-10 未来大厦直流配电系统方案示意图

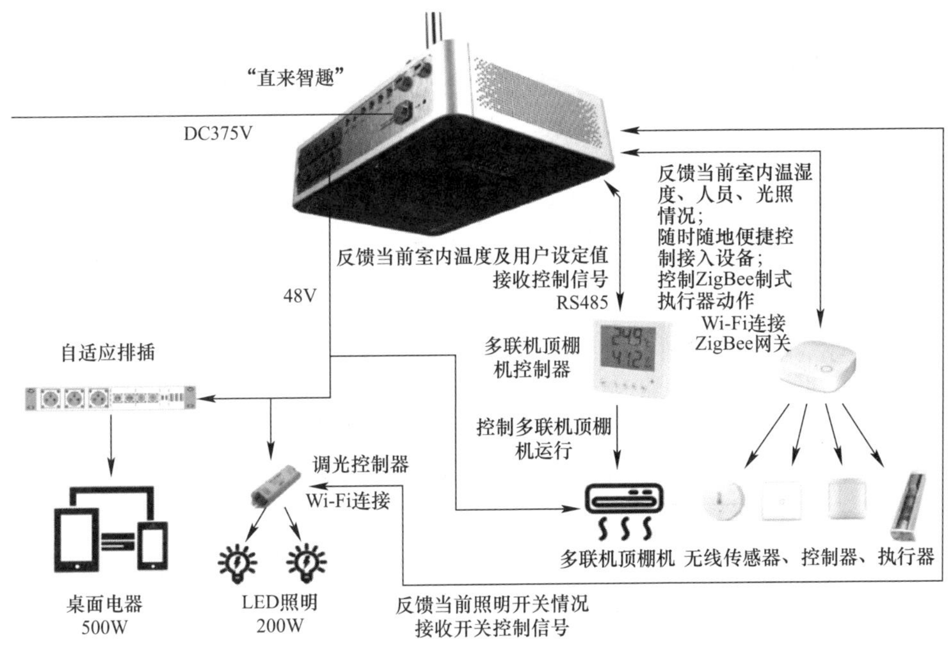

图 13-11　未来大厦直流终端用电系统示意

图 13-12　直流建筑室内场景

13.3.1　系统功能

功能测试具体包括并网/离网切换、正负母线单极运行、储能充放电状态切换和大负荷切入/切出四个方面。从实验的整体结果看，未来大厦的直流配电系统运行安全稳定，控制功能执行正常，没有触发系统故障和相应的保护功能。市政电源、分布式光伏和分布式储能可以通过直流母线电压的自适应控制实现运行工况的切换和不同电源之间的功率分配（图 13-13），极大地降低了系统稳定性控制对能源管理系统和通信的依赖。

在系统并离网状态的切换中，各种工况下并网到离网的切换时间在 192～620ms 之间，离网到并网的响应时间在 115～160ms 之间，电压波动范围均在 5%以内。系统在并离网切换过程的电压波动幅值及调整时间均能够满足稳定性要求，如表 13-1 所示。

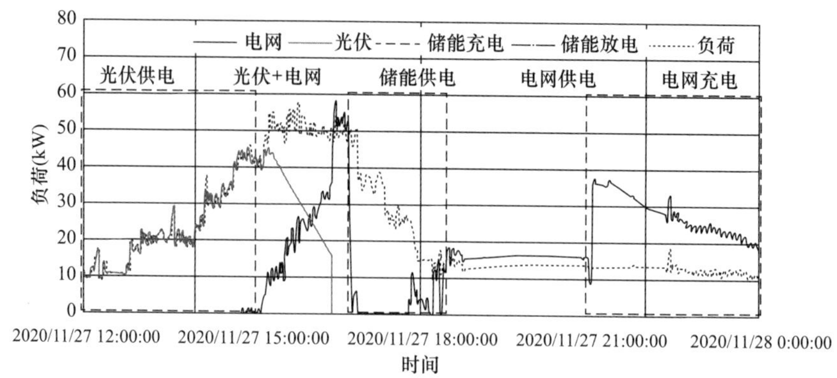

图 13-13　未来大厦运行工况切换

系统并离网切换电压波动和响应时间　　　**表 13-1**

测试工况		稳态电压（V）	电压波动（%）	响应时间（ms）
并网—离网	光伏>负荷（光伏主导）	391.2～374.3	4.5	115
离网—并网	光伏>负荷（光伏主导）	375.2～390.7	4.1	192
并网—离网	光伏<负荷（储能主导）	386.1～375.0	2.9	160
离网—并网	光伏<负荷（储能主导）	374.6～383.4	2.3	620

在负荷切入切出的实验中，在正常使用的轻载工况下，例如空调启动（负荷 17kW），负荷切入和切出过程电压变化在 1.3%～3.6%之间，电压稳定时间范围是 180～417ms，末端用电负载不受影响。在较为极端的情况下，例如相当于交直流变换器总容量 80%的大功率负载一次性投入，系统的稳定性受制于变换器容量和变换器的动态响应能力，会出现电压显著瞬态波动的情况。在测试中，一次性对单极母线投入了 75kW 的负载，光伏主导情况下母线电压从 390V 暂降到 330V；储能主导情况下母线电压从 380V 暂降到 360V；电网主导情况下母线电压从 375V 暂降到 290V，部分末端用电变换器出现低电压保护情况，如图 13-14 所示。

大负荷投入情况下直流母线电压瞬态波动显著，因此系统中变换器低电压穿越能力需要匹配，系统中冲击性负载需要快速响应的储能来平抑电压波动，具体的匹配关系需要进一步仿真和实验确定。

13.3.2　柔性控制效果分析

目前未来大厦已经实现的柔性用电调节的负载包括集中式储能、多联机空调和双向充电桩。项目组分别对储能、空调系统参与电网需求响应的性能进行了测试和实验。分布式储能属于电力电子类柔性可调资源，其控制和调度相对直接。在与电网联合测试的过程中，虚拟电厂平台在接收到电网响应功率指令后，由 AC/DC 主动调节直流母线电压，控制储能电池放电功率，在 0.5h 的响应时间内将平均 60kW 左右的用电负荷降到了 28.9kW，响应削峰比例达到了 51.6%。从图 13-15 可看出，光伏发电波动对柔性负荷控制的精度有较大的影响。如何提升控制策略的抗扰动能力是进一步研究的方向。

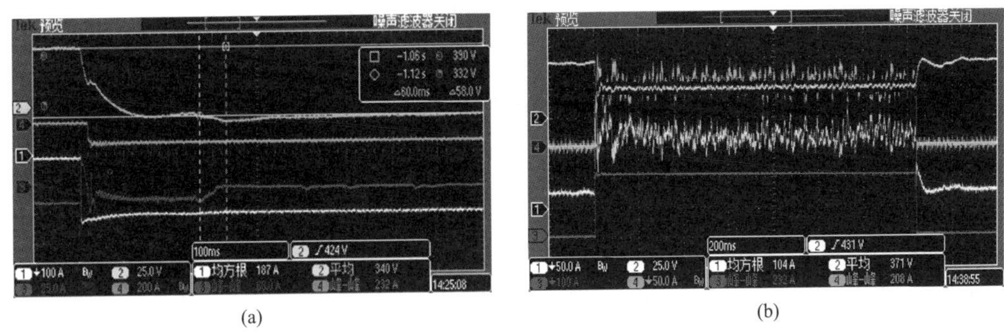

(a)　　　　(b)

图 13-14　不同电源供电情况下负载投切情况

(a) 光伏主导情况下负载投切；(b) 储能主导情况下负载投切

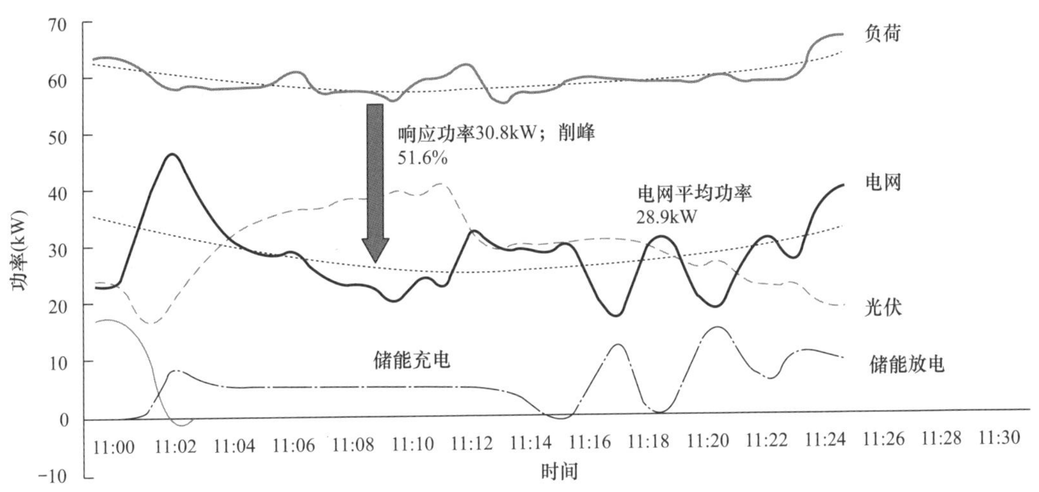

图 13-15　储能参与需求响应过程

空调系统也是建筑负荷中另一个可调节的柔性用电负荷。项目组在空调响应特性测试的基础上，建立了空调运行功率和空调设定温度之间的动态关联关系，并对空调参与需求侧响应的过程进行了测试。在响应时段内，空调负荷从平均 40kW 降低到 20kW，削峰比例达到 50%左右。从图 13-16 可以看出，相对于储能系统，空调系统响应能力受制于室内舒适度要求，在空调负荷波动较大的情况下，会优先保障舒适度要求，放弃对目标功率的控制。另外，空调属于温控型柔性负荷，其调节能力取决于建筑本体的蓄热能力，其功率响应稳定的时间取决于建筑本身的热惰性，与储能和充电桩等电力电子类设备相比，空调柔性负荷更适合参与日前调度的需求响应。

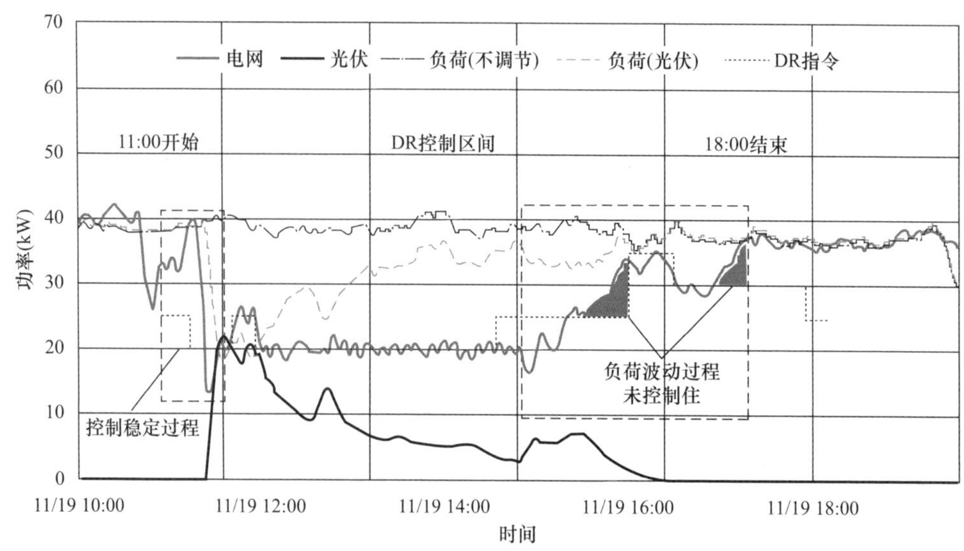

图 13-16　空调参与需求响应过程

13.4　工程总结与亮点

自 2017 年起深圳建科院与清华大学、南方电网、美国劳伦斯伯克利实验室等国内外机构合作开展“光储直柔”建筑技术的研究，该项目是第一个走出实验室在实际工程中应用的项目，并先后入选中美建交四十周年 40 项科技合作成果和联合国开发计划署（UNDP）中国建筑能效提升示范项目。依托未来大厦“光储直柔”系统的负荷柔性调节能力，2021 年 7 月和 11 月同南方电网联合开展的建筑参与“虚拟电厂”的测试。在测试中，该项目接收电网的调度指令，在保障建筑正常运行、室内舒适度不受影响的情况下，通过“光储直柔”技术中的柔性负荷控制方法，削减了近 50%的建筑用电负荷。“光储直柔”技术已经作为建筑领域重要的碳达峰技术写入了国家《2030 年前碳达峰行动方案》，未来规模化推广将使建筑不仅是能源的消费者，同时也是能源的生产者，并且能与电网友好互动，协同促进全社会的碳达峰、碳中和进程。

该示范工程的亮点主要体现在以下三个方面：

（1）示范工程为“净零能耗建筑”定义和内涵的拓展验证提供了实践案例，不仅仅从年可再生能源产能量与年建筑用能量的平衡角度衡量，而是充分考虑可再生能源产能与建筑用能在时间尺度的不同步性，使其在操作层面具备可行性、经济性和推广价值。提出了适宜夏热冬暖地区的净零能耗建筑技术路径，为夏热冬暖地区净零能耗建筑的实施提供了解决方案。

（2）集成示范了建筑工业化建造、能源需求响应、直流供电建筑与智能微网、室内环境质量控制等技术应用，为净零能耗建筑目标的实现提供可行性验证，不仅是夏热冬暖地区净零能耗建筑的工程示范，也是世界第一个走出实验室、规模化应用的全直流建筑。

（3）示范工程采用“光储直柔”新型建筑能源系统，基于光伏、储能、市政电力和负荷的协同，建筑能耗为同类办公建筑的 1/4，电力装机容量为同类办公建筑的 1/5，实现了常规能源消耗总量（kWh）和峰值（kW）的“双降”。自 2020 年 8 月光伏系统接入，整个系统已经稳定运行了两年时间。整体来看，系统运行稳定、调控灵活，终端用电方便智能，基本实现了预期的设计目标，验证了低压直流配电在民用建筑中应用的可行性和优势，期间也发现了系统可以继续完善和改进的方面。目前研究团队在基于本系统进一步开展直流网架结构、安全保护配置、系统能效和柔性负荷控策略等方面的实验研究工作。希望能够通过更多的实际工程运行数据和用户反馈意见夯实直流配电技术的规模化发展基础。

本章参考文献

深圳市建筑科学研究院股份有限公司. 夏热冬暖地区净零能耗公共建筑技术导则. T/CABEE 004—2019 [S]. 北京：中国建筑节能协会，2019.